Uni-Taschenbücher 512

T0234342

UTB

Eine Arbeitsgemeinschaft der Verlage

Birkhäuser Verlag Basel und Stuttgart
Wilhelm Fink Verlag München
Gustav Fischer Verlag Stuttgart
Francke Verlag München
Paul Haupt Verlag Bern und Stuttgart
Dr. Alfred Hüthig Verlag Heidelberg
J.C.B. Mohr (Paul Siebeck) Tübingen
Quelle & Meyer Heidelberg
Ernst Reinhardt Verlag München und Basel
F.K. Schattauer Verlag Stuttgart-New York
Ferdinand Schöningh Verlag Paderborn
Dr. Dietrich Steinkopff Verlag Darmstadt
Eugen Ulmer Verlag Stuttgart
Vandenhoeck & Ruprecht in Göttingen und Zürich
Verlag Dokumentation München-Pullach

Kurt Edelmann

Kolloidchemie

Mit 29 Abbildungen und 10 Tabellen

Springer-Verlag Berlin Heidelberg GmbH

Dr.-Ing. *Kurt Edelmann,* geboren am 6. 5. 1911, studierte Chemie und Kolloidchemie an der Technischen Hochschule Dresden. 1937 Promotion zum Dr.-Ing.
als Schüler von Prof. Dr. *Alfred Lottermoser.* Anschließend als Forschungs-
chemiker tätig, gegenwärtig bei der Emser Werke AG in Domat/Ems (Graubünden,
Schweiz). Mitglied der Kolloid-Gesellschaft e.V. und der Deutschen Rheologischen
Gesellschaft. Verfasser eines zweibändigen Lehrbuches der Kolloidchemie
(Berlin 1964) und des Abschnittes über Rheologie im Kolloidchemischen Taschenbuch von *A. Kuhn* (Leipzig 1960). 76 wissenschaftliche Veröffentlichungen.

CIP-Kurztitelaufnahme der Deutschen Bibliothek

Edelmann, Kurt
Kolloidchemie
(Uni-Taschenbücher 512)
ISBN 978-3-7985-0423-3   ISBN 978-3-642-72317-9 (eBok)
DOI 10.1007/978-3-642-72317-9

© 1975 Springer-Verlag Berlin Heidelberg
Ursprünglich erschienen bei Dr. Dietrich Steinkopff Verlag, Darmstadt 1975

Einbandgestaltung: Alfred Krugmann, Stuttgart

Gebunden bei der Großbuchbinderei Sigloch, Stuttgart

Vorwort

Das Buch stellt eine Kurzfassung der wichtigsten kolloidchemischen Vorgänge und Untersuchungsmethoden dar, ohne einen Anspruch auf Vollständigkeit für dieses vielseitige Gebiet erheben zu wollen. Die Tabellen und Bilder sind dem Buch *K. Edelmann*, Lehrbuch der Kolloidchemie Band I und II entnommen, das im VEB Deutscher Verlag der Wissenschaften Berlin 1964 erschienen ist.

Domat/Ems (GR),
Frühjahr 1975

Kurt Edelmann

Inhalt

1. Einführung

Für das Studium dieses Buches werden die allgemeinen naturwissenschaftlichen Grundlagen, Kenntnisse der Physik, der anorganischen, organischen und der Physikalischen Chemie vorausgesetzt, so daß die ausführlichen Ableitungen entfallen können. Von den Darstellungs- und Untersuchungsmethoden werden nur die gebräuchlichsten ausführlich beschrieben, während die seltener verwendeten nur kurz erwähnt sind.

Die Kolloidwissenschaft ist eine „Grenzwissenschaft" mit einem vielseitigen, wohldefinierten Programm, das in engem Kontakt zu sätmlichen Disziplinen der Naturwissenschaften steht. Es können die typischen, an Kolloiden beobachteten Erscheinungen, bei denen die klassischen Gesetzmäßigkeiten der physikalischen Chemie als Auswirkungen der großen Oberflächen zur Erklärung nicht ausreichen, trotzdem nur mit den Kenntnissen der reinen Physik und Chemie untersucht werden. Damit ist die Kolloidchemie ein selbständiger Zweig der physikalischen Chemie wie die Photochemie und die Elektrochemie.

Während die reine Chemie die Reaktionen von Elementarteilchen, Atomen, Ionen und Molekülen erforscht und mit Reaktionsgleichungen beschreibt, beschäftigt sich die Kolloidchemie mit wesentlich größeren Aggregaten, die einen Durchmesser von 1 bis 100 nm besitzen. Infolge der hierdurch bedingten großen Oberflächen erhalten die Lösungen derartiger Teilchen sehr verschiedenartige Eigenschaften. Hat ein Stoff durch feine Verteilung, Dispergierung, in einer Flüssigkeit typische Eigenschaften angenommen, z. B. optische Unsichtbarkeit im Mikroskop oder Laufen durch gewöhnliche Filter, so liegt eine kolloide Lösung vor, und der Stoff befindet sich im kolloiden Zustand. Allgemein spricht man von *dispersen Systemen.*

Schichtet man z. B. eine Kupfersulfat-Lösung über eine 3%ige Gelatine-Gallerte, so diffundiert das niedermolekulare Kupfersulfat in die Gallerte. Versucht man das Gleiche mit einer Lösung von Kongorot, so bleibt die anfangs scharfe Trennlinie erhalten, weil das Kongorot infolge seiner kolloiden Dimension nicht in die Gallerte diffundieren kann. Ebenso gehen die „echt" gelösten Salze durch eine semipermeable Membrane, z. B. eine Schweinsblase oder eine Cellulosefolie, während das „kolloid" gelöste Kongorot diese Fähigkeit nicht besitzt, dafür aber einen osmotischen Druck erzeugt.

Mit Hilfe des Ultramikroskops ist der Beweis gelungen, daß die kolloiden Lösungen zu den heterogenen Systemen gehören, da sie zusammenhanglose Einzelteilchen in einem an sich homogenen Medium darstellen. Diese Teilchen sind im Mikroskop nicht sichtbar, erzeugen aber im Ultramikroskop Beugungsbilder und zeigen freie Diffusion. Damit wird es möglich, die dispersen Systeme nach Größenordnungen zu unterscheiden, wie die Tab. 1 zeigt.

Tab. 1: Disperse Systeme

Grobdisperse Systeme	Kolloiddisperse Systeme	Hochdisperse Systeme
= mechanische Suspensionen	= kolloide Lösungen	= molekulare Lösungen
$>$ 500 nm	500 bis 1 nm	$<$ 1 nm
z. B. Bodenaufschlemmung	z. B. Kongorotlösung	z. B. Salzlösungen

zunehmender Dispersitätsgrad ⟶

= abnehmende Teilchengröße

Der disperse Zustand ist also die gemeinsame Eigenschaft aller drei Systeme. Ferner enthalten alle drei Systeme mindestens einen zerteilten, dispersen Anteil, auch *disperse Teilchen* genannt, die in großer Anzahl in einem homogenen Medium, dem *Dispersionsmittel,* real verteilt sind. Gleichzeitig wird damit der Beweis erbracht, daß sich zwangsläufig jeder beliebige Stoff in den kolloiden Zustand überführen lassen muß. Es ist also die Kolloidwissenschaft als Lehre von einem Aggregatzustand der Materie aufzufassen, wie der feste, flüssige oder gasförmige Zustand.

Zur Aufklärung der Bauweise besonders der organischen Kolloide haben sich zusätzlich rein chemische Untersuchungsmethoden eingeführt. So haben *Staudinger* und seine Mitarbeiter durch chemische Umwandlungen den Beweis erbracht, daß viele organische Kolloide in Wirklichkeit riesige Moleküle, also *Makromoleküle* oder Moleküle von kolloiden Dimensionen, darstellen. Weitere Beweise über die Teilchengestalt erklären dann die Eigenschaften dieser kolloiden Systeme. So verhält sich das kugelförmige Hämoglobin ganz anders als die fadenförmige Cellulose. Hier gestattet die Ultrazentrifuge und die Lichtstreuung die Bestimmung von Molekulargewicht und Molekulargewichtsverteilung.

Die Kolloidchemie untersucht allgemein die Bedingen für die Herstellung derartiger Systeme, die Eigenschaften, den Zustand und die Form der Teilchen, die Stabilität und die Bedingungen, unter denen eine Vernichtung erfolgt. Die Beschäftigung mit den physikalischen Eigenschaften der Stoffe in diesem besonderen Zustand gehört damit in das Aufgabenbereich der Kolloidchemie.

Man kann einen festen Stoff in einer Flüssigkeit dispergieren *(Suspension),* ebenso eine Flüssigkeit in einer anderen Flüssigkeit *(Emulsion),* ein Gas in einer Flüssigkeit *(Schaum),* einen festen Stoff ein einem Gas *(Staub),* eine Flüssigkeit in einem Gas *(Nebel)* oder einen festen Stoff in einem anderen festen Stoff *(Glas, Metallegierung).* Diese Verteilungen sind alle disperse Systeme, bei denen sich ein Stoff von einem bestimmten Verteilungsgrad, *Dispersitätsgrad,* in einem anderen homogenen Dispersionsmittel aufhält.

Aber auch die Lösungen von Seifen sind kolloide Lösungen, weil die Moleküle zu Aggregaten von kolloiden Dimensionen zusammentreten. Ihre Benetzung und Oberflächenwirkung spielt nicht nur beim Waschvorgang eine Rolle sondern auch in der Färberei und Textilchemie sowie bei der *Flotation,* der Anreicherung von Erzteilchen. Die Lösungen wichtiger Naturprodukte, wie Cellulose, Stärke und Kautschuk, zeigen typische kolloide Eigenschaften, weil hier die einzelnen Moleküle bereits kolloide Dimensionen besitzen.

Hierzu gehören auch die vor allem in den letzten Jahrzehnten zu großer Bedeutung gelangten Kunststoffe, z. B. die Phenolharze, Polyacrylsäureester, Polyamide, Polyester und die synthetischen Kautschukarten. Ihre Synthese erfolgt zwar mit den Methoden der präparativen Chemie, Kondensation oder Polymerisation, doch die Untersuchung der Endprodukte als makromolekulare Stoffe erfolgt mit kolloidchemischen Methoden. Auf diesem Gebiet sind noch heute laufend neue Methoden auszuarbeiten, um die geforderten technischen Eigenschaften verbessern zu können.

Ein weiteres Gebiet für kolloidchemische Untersuchungen liefert die Biologie und Medizin, da Protoplasma, Blut, Muskeln usw. kompliziert zusammengesetzte kolloide Systeme aus verschiedenartigen Eiweißen darstellen. Die Vorgänge an den Oberflächen der Blutkörperchen und Zellmembranen wie auch die Gerinnung des Blutes sind der anderen kolloiden Systeme ähnlich und werden mit den Methoden der Kolloidchemie untersucht.

So kann man zusammenfassend sagen: in der *anorganischen Kolloidchemie* liegen vorwiegend Aggregate, Konglomerate von kolloiden Dimensionen vor, während wir es in der *organischen Kolloidchemie* hauptsächlich mit Molekülen von kolloiden Dimensionen zu tun haben.

2. Anorganische Kolloidchemie

2.1. Einteilung

Die Kolloide stellen eine Gruppe von *dispersen Systemen* dar, deren Teilchen eine Größenordnung von 1 bis 500 nm aufweisen und damit aus 10^3 bis 10^9 Atomen bestehen. Diese Teilchen sedimentieren nicht, sind im Mikroskop nicht sichtbar, zeigen im Ultramikroskop Beugungsbilder und lassen sich durch eine Membrane von kleineren Teilchen abtrennen (Dialyse). Sie sind in den meisten Fällen nicht gleich groß (nicht isodispers) sondern polydispers. Die *Polydispersität* beobachtet man bei allen *Dispersoidkolloiden,* also bei den Kolloiden, die durch Zerteilung (Dispergierung) bis zu kolloiden Dimensionen entstehen. Treten kleine Moleküle in Lösung zu Aggregaten, Mizellen, zusammen, so entstehen ebenfalls polydisperse Systeme als *Mizellkolloide,* z. B. wässrige Seifenlösungen.

Die Untersuchungen mit dem Ultramikroskop und Elektronenmikroskop haben nun bewiesen, daß kolloide Verteilungen nicht nur in einem flüssigen Dispersionsmittel auftreten, sondern auch in den übrigen Aggregatzuständen. Daher ist es zweckmäßig, die anorganischen kolloiden Systeme nach dem Aggregatzustand einzuteilen, wie die Tab. 2 zeigt

Tab. 2: Einteilung der kolloiddispersen Systeme nach dem Aggregatzustand der· dispersen Teilchen und des Dispersionsmittels

Kolloidsystem	Disperse Teilchen	Dispersionsmittel
Suspensoid	fest	flüssig
Emulsoid, Emulsion	flüssig	flüssig
Schaum	gasförmig	flüssig
Aerosol	fest	gasförmig
Aerosol	flüssig	gasförmig
Glas, Metallegierung	fest	fest
fester Schaum	flüssig	fest
fester Schaum	gasförmig	fest

Mit Berücksichtigung der verschiedenen Aggregatzustände von dispersen Teilchen und Dispersionsmittel wird die anorganische Kolloidchemie zu einer allgemeinen Dispersoidlehre, die vor allem die Abhängigkeit der Eigenschaften eines Stoffes von seinem Dispersionszustand untersucht. So ergibt die Einteilung in *Suspensionskolloide* und *Emulsionskolloide* an, ob ein fester oder flüssiger Stoff in einem flüssigen Dispersionsmittel kolloid verteilt ist. Diese beiden Gruppen sind die wichtigsten der anorganischen Kolloidchemie.

Eine weitere oft verwendete Einteilung ist die in *lyophobe* und *lyophile Kolloide,* weil sich beide Gruppen im Aufbau und in ihrer Herstellung weitgehend unterscheiden. Hierbei erfolgt die Einteilung nach dem Verhalten der dispersen Teilchen gegenüber dem Dispersionsmittel. Da oft Wasser das Dispersionsmittel ist, spricht man auch von *hydrophoben* und *hydrophilen* Kolloiden.

Bei den *lyophoben Kolloiden* wirkt die Zugabe gleichsinnig geladener Ionen peptisierend unter Erhöhung der Stabilität der Sole. Durch Zugabe entgegengesetzt geladener Ionen wird dagegen der Solzustand vernichtet, und es erfolgt die Koagulation. Die lyophoben Sole besitzen einen kaum meßbaren osmotischen Druck, und die Viskosität ist gegenüber derjenigen des Dispersionsmittels nur geringfügig erhöht. Hierzu gehören die Dispersionskolloide, die nur in Dispersionsmitteln auftreten können, in denen sie unlöslich sind, z. B. die *Hydrosole* von Metallen und ihren Oxiden. Dagegen sind Dispersionen von wasserlöslichen Salzen nur in Benzol oder Toluol möglich. Diese Gruppe bezeichnet man als *Organosole.*

Die *lyophilen Kolloide* beobachten wir hauptsächlich in der organischen Chemie bei den Mizellkolloiden und den makromolekularen Stoffen. Hier entstehen die kolloiden Lösungen nur in den Dispersionsmitteln, in denen die Teilchen solvatisieren können. Elektrische Ladungen als Peptisator sind nicht erforderlich, weil das Dispersionsmittel eine Solvathülle an der Oberfläche der einzelnen Teilchen ausbildet. Zu dieser Gruppe gehören als Hydrosole die Lösungen der Seifen oder Stärke und als Organosole die Lösungen von Kautschuk in Benzol oder der Cellulosederivate in ihren Lösungsmitteln.

Die Einteilung nach dem Aggregatzustand genügt zur Charakterisierung der anorganischen Kolloide. Sie berücksichtigt jedoch nicht die Gruppe der Molekülkolloide mit ihren besonderen Eigenarten. Deshalb hat sich die modernere allgemeine Einteilung nach der Bindungsart der Atome in den Kolloidteilchen mehr durchgesetzt. Hierbei kommen alle Bindungen in Betracht, die einen anorganischen oder organischen Stoff aufbauen, also metallische Bindungen, homöopolare und heteropolare Hauptvalenzbindungen, semipolare Bindungen und *Van-Der-Waals*sche Kräfte. So unterscheidet man heute nach dem inneren Aufbau und der Darstellungsweise der kolloiden Teilchen die folgenden Gruppen:

1. Dispersoidkolloide,
2. Mizellkolloide,
3. Molekülkolloide und
4. makromolekulare Assoziationen.

Im Sinne von *Wolfgang Ostwald* und *von Weimarn* stellen die *Dispersoidkolloide* eine bestimmte Verteilungsform der Materie dar, indem grundsätzlich jeder feste, flüssige oder gasförmige Stoff durch geeignete Dispergierung in den kolloiden Zustand überführt werden kann. Die Dispersoide sind lyophob, und das Dispersionsmittel darf keine lösenden Eigenschaften für den betreffenden Stoff haben. Infolge ihrer Entstehung sind sie stets polydispers. Auch können sie nur mit elektrischen Ladungen an ihrer Oberfläche stabil bleiben.

Die *Mizellkolloide* und die *Molekülkolloide* gehören dagegen zu den lyophilen Kolloiden. Hier entsteht die kolloide Lösung durch direktes Lösen eines festen, flüssigen oder gasförmigen Stoffes ohne Anwesenheit eines Schutzkolloids oder eines Peptisators. Die Teilchen werden unmittelbar von dem Lösungsmittel solvatisiert, wobei eine gewisse Verwandtschaft zwischen dem zu lösenden Stoff und dem Lösungsmittel bestehen muß.

Löst man bestimmte niedermolekulare organische Stoffe in gewissen Lösungsmitteln, so entstehen keine echten Lösungen mit gelösten Einzelmolekülen oder Einzelionen. Dafür treten die Moleküle oder Ionen durch Nebenvalenzbindungen oder *Van-Der-Waals*sche Kräfte zu Aggregaten von kolloiden Dimensionen, den Mizellen, zusammen. Mizellen sind demnach lyophile Kolloide, die aus zahlreichen heteropolaren Molekülen niedermolekularer Stoffe bestehen. Die Mizellkolloide tragen elektrische Ladungen. Aber hier sind die Ladungen ein Bestandteil der das Kolloid aufbauenden Moleküle, während bei den lyophoben Dispersoiden die Ladungen durch einen zugesetzten Peptisator aufgebracht worden sind. Bei dem Lösungsvorgang bilden sich stets Mizellen unterschiedlicher Größe, daher sind alle Mizellkolloide polydispers.

Zur Gruppe der Molekülkolloide gehören die aus 10^3 bis 10^9 durch Hauptvalenzbindungen miteinander verbundenen Atomen bestehenden Moleküle. Derartige *Makromoleküle* müssen zwangsläufig kolloide Lösungen ergeben. Auch unterscheiden sie sich von den niedermolekularen Stoffen in ihren Eigenschaften. Die heteropolaren makromolekularen Stoffe tragen in Lösung elektrische Ladungen, während die homöopolaren Verbindungen ungeladen sind. Die makromolekularen Naturstoffe, z. B. eine Anzahl Proteine, sind von gleicher Teilchengröße, also isodispers. Alle synthetischen makromolekularen Stoffe und die infolge der Verarbeitung abgebauten Naturstoffe, z. B. Cellulose, sind dagegen stets von unterschiedlicher Größe. Da hier die Uneinheitlichkeit eine Stoffeigenschaft und kein wechselnder Dispersionszustand ist, spricht man hier von *Polymolekularität* und nicht von Polydispersität.

Wie niedermolekulare Stoffe unter bestimmten Bedingungen zu Mizellen zusammentreten und dann kolloide Eigenschaften zeigen, so besitzen auch manche Makromoleküle die Fähigkeit, durch Nebenvalenzen zu noch größeren Teilchen, den *makromolekularen Assoziationen*, zusammenzutreten. Hierzu gehört eine Anzahl der *Biokolloide*. In der Tab. 3 sind die einzelnen Gruppen in der von *Staudinger* gegebenen Einteilung zusammengestellt.

Tab. 3: Neue Einteilung der Kolloide

Kolloid	Verhalten im Dispersionsmittel	Viskosität	elektrische Ladung	Beispiel
I. Dispersoid				
a) Suspensoid	lyophob	niedervisk.	geladen	Metallhydrosole
b) Emulsoid	lyophob	niedervisk.	geladen	Ölemulsion
II. Mizellkolloid	lyophil	hochvis.	meist geladen	Seifen, Farben
III. Molekülkolloid	lyophil	hoch- oder niedervisk.	ungeladen oder geladen	Proteine, Polymere
IV. makromol. Assoziat.	lyophil	nieder- oder hochviskos	geladen oder ungeladen	Proteine, Biokolloide

6

Bei den langen, fadenförmigen Makromolekülen tritt noch ein Übergangszustand zwischen dem festen und dem gelösten Zustand auf, der Gelzustand. Beim Lösen tritt zunächst eine Quellung auf, die Lösung zeigt hohe Viskosität, und bei dem Ausfällen findet vorübergehend eine Gelbildung statt. Hierzu gehören die Faserstoffe aus natürlichen und synthetischen Ausgangsstoffen.

In den konzentrierten dispersen Systemen sind die Dimensionen und die geometrische Gestalt auch des Dispersionsmittels für die kolloidchemischen und physikalischen Eigenschaften, z. B. Durchlässigkeit und Adsorptionsfähigkeit, von ausschlaggebender Bedeutung. In den Systemen mit Gerüststrukturen, Filter aus Keramik, können die Gerüstbausteine in Form von Blättchen, Fäden oder Kugeln auftreten.

Entsprechend unterscheidet man zwischen:
Blättchenpackung (z. B. Backsteinhaufen, Schichtengitter, Sedimente aus orientierten Blättchen),
Fädenpackung (Heubündel, Faserstrukturen, Hauptvalenzketten),
Kugelpackung (Sandhaufen, Sekundärteilchen aus Kolloidteilchen, Kristallgitter).

Derartige Systeme werden als disperse Systeme mit difformiertem Dispersionsmittel bezeichnet, denn hier spielt der Dispersitätsgrad der dispersen Teilchen nur eine untergeordnete Rolle. Dafür können sowohl größere als auch kleinere Teilchen sich verschieden dicht zusammenlagern und damit Gerüste mit groben, kolloiden oder hochdispersen Hohlräumen ausbilden. Ebenso kann durch Verdichtung aus einem grobdispersen System ohne Änderung des Dispersitätsgrades der Teilchen ein Kolloidsystem in bezug auf das Dispersionsmittel entstehen. In diese Gruppe gehören die Sedimente, die Koagulationsprodukte disperser Teilchen, der Boden und die keramischen Massen. Zu ihrer Charakterisierung genügt der Dispersitätsgrad der Teilchen nicht, hinzu kommt die *Difformation* des Dispersionsmittels.

Bezeichnet man die multiplen Systeme, die Aggregate aus zahlreichen nicht zusammenhängenden Einzelteilchen von laminarer, fibrillarer oder korpuskularer Gestalt als disperse Systeme, so werden die singularen Systeme, die Einzelkörper aus einem einzigen zusammenhängenden Anteil von laminarer, fibrillarer oder korpuskularer Gestalt nach *Ostwald difforme Systeme* genannt. Zwischen beiden extremen stereochemischen Grundformen gibt es kontinuierliche Übergänge mit weiteren Unterteilungen. In der Tabelle 4 sind die morphologischen Haupttypen der difformen Systeme in der von *Ostwald* gegebenen Einteilung zusammengestellt.

In dieser Einteilung kommt gleichzeitig der kontinuierliche Übergang von den difformen zu den dispersen Systemen und ihre Bedeutung für die Praxis zum Ausdruck.

Tab. 4: Die morphologischen Haupttypen der difformen Systeme

	Laminare	Fibrillare	Korpuskulare
I. Feste Filme, Fäden und Korpuskel			
1. Fest–fest–fest	Schiefer, Glimmer, Graphit (Einzellamellen)	Asbest, Trichiten, Dendriten (Einzelfibrillen)	Kristalle in Gesteinen, Pulverteilchen (Einzelteilchen)
2. Flüssig–fest–flüssig	Dialysiermembran, Goldhäutchen zwischen Wasser und Benzol	Textilfaser im Färbebad usw.	Suspendierte Teilchen, Solteilchen, flottierende Teilchen zwischen zwei Flüssigkeiten (Einzelteilchen)
3. Gasförmig–fest–gasförmig	Filme usw. in Luft (Normalfall)	Fäden in der Luft (Normalfall)	Einkristalle in Luft (Normalfall)
4. Fest–fest–flüssig	Elektrolytischer Niederschlag auf Elektrode im Bad'	–	Haftende Körper an festen Wänden in nicht benetzenden Flüssigkeiten
5. Fest–fest–gasförmig	Anlaufschichten, Zerstäubungsschichten	–	Haftende Körper an festen Wänden in Luft
6. Flüssig–fest–gasförmig	Gealtertes Peptonhäutchen auf Lösung	–	Schwimmende Teilchen auf Flüssigkeiten (Einzelteilchen)
II. Flüssige Filme, Fäden und Korpuskel			
7. Fest–flüssig–fest	Schmiermittelfilme	Kapillarfaden (Thermometer-Quecksilberfaden)	Flüssigkeitseinschlüsse in Gesteinen
8. Flüssig – flüssig – gasförmig	Ternäres Gleichgewicht Wasser – Äther – Bernsteinsäurenitril; Benzol – Essigsäure – Wasser	Pseudopodien, z. B. von Foraminiferen; faden- oder pseudopodienförmige Vermischung gewisser Flüssigkeiten	Tröpfchen der Emulsionen (Einzeltröpfchen)
9. Gasförmig – flüssig – gasförmig –	Seifenlamelle	Flüssige Fäden, z. B. von geschmolzenem	Flüssigkeitstropfen in der Luft

	Laminare	Fibrillare	Korpuskulare
	Glas, Eiereiweiß, Speichel, Fischleim, Kirschgummi usw.		
10. Fest – flüssig flüssig	Benetzungsfilme; Glas – Ölfilm – Wasser	–	Haftende Tropfen an festen Wänden in Flüssigkeiten (Öl in Wasser an Glas)
11. Fest – flüssig gasförmig	Frische Lack- und Farbschichten Wasserhaut auf Isolatoren	–	Haftende Tropfen an Wänden in Luft
12. Flüssig – flüssig – gasförmig	Ölfilm auf Wasser	–	Öltröpfchen auf Wasseroberfläche

III. Gasförmige Filme, Fäden und Korpuskel

	Laminare	Fibrillare	Korpuskulare
13. Fest – gasförmig – fest	Luftschmierung, Luftfilm zwischen Adhäsionsplatten	Luftgefüllte Kapillare	Gaseinschlüsse in Mineralien und Gesteinen
14. Flüssig – gasförmig – flüssig	*Leidenfrost-*Phänomen auf Flüssigkeits-oberfläche	–	Gasblasen in Flüssigkeiten
15. Fest – gasförmig – flüssig	Normales *Leiden-frost*-Phänomen, Elektrolytgleich-richter nach *Günther-Schultze*	–	–
16. Flüssig – gasförmig – gasförmig	Zweidimensionale Gasschichten nach *Marcelin* und *N. K. Adam* u. a.	–	–
17. Fest – gasförmig – gasförmig	Adsorptionsfilm	–	–

2.2 Die eigengesetzliche Betrachtung der Kolloide

Für die Kenntnis der Stoffe genügt es nicht, allein ihre Struktur-formel im klassischen Sinn aufzustellen, um die physikalischen und kolloidchemischen Eigenschaften erklären zu können. Außer bei den Stoffsystemen der klassischen Chemie sagen die analytisch gewonne-nen stöchiometrischen Ergebnisse zu wenig über die kolloidchemischen, mechanischen und physikalischen Eigenschaften und über die Eigen-schaften der Lösungen aus. So können wir nur in wenigen Fällen durch Addition oder Extrapolation von Atom- oder Moleküleigenschaften die Eigenschaften der Materie voraussagen. Für die Deutung der Eigentümlichkeiten und der Vielfältigkeit makroskopischer Körper muß man die Untersuchung der größeren Aggregate einbeziehen, deren Dimensionen zwischen denen der analytisch erkennbaren Bausteine und den makroskopischen Dimensionen liegen. Das Gebiet der kolloiden Dimensionen darf also nicht übergangen werden.

Es hat sich sogar für die moderne Chemie als notwendig erwiesen, die Atom- und Molekülaggregate von der Ausdehnung kolloider Größenordnung als eine besondere Art von Bausteinen zu betrachten, die beim Aufbau der makroskopischen Körper eine besondere Rolle spielen. Nicht nur die analytisch bestimmte Zusammensetzung, sondern die Art der Aggregation zu größeren Dimensionen, die innere und äußere Struktur, die *Morphologie,* ist kennzeichnend für eine Reihe von Eigenschaften makroskopischer Körper.

Die Morphologie der irgendwie gestalteten Systeme mit ihrer diskontinuierlichen Raumerfüllung führt zu der Erkenntnis, daß die sterometrischen Dimensionen wichtige kolloidchemische Zustandsvariablen sind, die in dem Begriff des Dispersitäts- und Difformationsgrades zum Ausdruck kommen. Bei den Kristallen z. B. ist die Gestalt ein Ausdruck der Natur eines Stoffes, denn jeder kristallisierbare Stoff nimmt unter gleichen Bedingungen eine typische Kristallform an. Einen weiteren Beweis liefert die Stereoisomerie. Moleküle mit gleichen Atomgruppen können in bestimmten Fällen nur deshalb verschiedene Formen annehmen, weil einzelne Radikale räumlich unterschiedlich angeordnet sind. Der kristalline Zustand hat lange als sicherer Beweis für Reinheit und Einheitlichkeit chemischer Verbindungen gedient, während die nicht kristallisierbaren „amorphen Massen" als verunreinigte Produkte für eine weitere Bearbeitung als ungeeignet angesehen worden sind.

Gerade diese „amorphen Massen", die Schmieren, Gallerten usw. zeigen typische kolloide Eigenschaften. Für den Kolloidchemiker ist nun der Zusammenhang zwischen den Eigenheiten der Form eines Stoffes, der Morphologie, und seiner chemischen Zusammensetzung besonders interessant. Das gilt auch für die *Gallerten,* die *Lyogele,* die in der Natur zahlreich auftreten. Die gallertigen Systeme sind weder fest noch flüssig. Sie vereinigen beide Aggregatzustände in sich, denn sie zeigen Formelastizität und Formbeständigkeit. Ein Stück Gelatinegallerte läßt sich z. B. in formbeständige Stücke schneiden, aber auch durch Druck oder Schütteln verflüssigen. Für derartige Systeme ist stets die Anwesenheit von zwei Komponenten erforderlich, von denen eine stets flüssig sein muß und die andere fest oder flüssig sein kann. Hierzu gehören auch die gallertigen Niederschläge der Metallhydroxide und das Protoplasma. Bei allen Lebensvorgängen spielen Form und Gestalt und damit die Morphologie eine bedeutende Rolle, weil die Erscheinungen des Lebens sich nur in geordneten Systemen vollziehen können und damit kolloidchemisch interessant sind.

Demnach kann die *Kolloidchemie* als *morphologische Disziplin* bezeichnet werden, die sich im Gegensatz zu anderen exakten Wissenschaften sehr stark mit Betrachtungen von Form und Gestalt beschäftigt, mit der Vielgestaltigkeit der Materie und ihren Änderungen, um daraus das wesentliche der untersuchten Systeme zu erkennen und Gesetzmäßigkeit abzuleiten.

Um zu allgemein gültigen Gesetzen zu gelangen muß man von den speziellen Eigenschaften einer Gruppe disperser oder difformer Systeme ausgehen und stereometrische Größen wie Dispersitätsgrad oder Difformationsgrad als Variable einführen. Allerdings kann der Verlauf einer Dispersitätsfunktion quantitativ nur an isodispersen Systemen bestimmt werden, deren Dispersitätsgrad einwandfrei zu messen ist. An polydispersen Systemen ist der Verlauf ihrer Dispersitätsfunktionen meist nur qualitativ bekannt. Hier sind bei dem heutigen Stand der Forschung noch große Schwierigkeiten zu überwinden und zahlreiche Experimente erforderlich, vor allem weil die Herstellungsmethoden für isodisperse Systeme ziemlich begrenzt sind.

Das kolloide Gebiet ist ebenso reichhaltig an Vielfältigkeiten und eigenen Gesetzmäßigkeiten wie das Gebiet der molekularen und der sichtbaren Dimensionen. Vor allem beinhaltet das kolloide Gebiet zwei kritische Gebiete. Das eine ist dasjenige zwischen den hochdispersen molekularen und den kolloiden Dimensionen und das zweite dasjenige zwischen den kolloiden und den groben Dimensionen. Nach beiden Richtungen treten alle Arten von Übergängen auf. Für die Forschung sind gerade Systeme mit derartigen Übergängen von besonderem Interesse. Trotz der Schwierigkeiten, die eine Behandlung derartiger Übergangssysteme bietet, können wir aus den benachbarten Gebieten in die eigene Welt der kolloiden Dimensionen eindringen, so daß man die *gesamte Kolloidchemie* am besten als *Grenzwissenschaft* bezeichnet.

So sollen einphasige gasförmige oder flüssige Mehrstoffsysteme optisch leer sein, d. h. mit optischen Hilfsmitteln dürfen keine Inhomogenitäten zu beobachten sein. In der Praxis treten jedoch immer optische Inhomogenitäten auf. Schickt man z.B. einen intensiven Lichtstrahl durch Luft, so werden stets bei seitlicher Betrachtung in der Schwebe befindliche Staubteilchen sichtbar, die erst nach Filtration durch Watteschichten verschwinden. Diese Erscheinung wird nach ihrem Entdecker als *Tyndall-Effekt* bezeichnet. Man beobachtet diesen Effekt ebenso in flüssigen einphasigen Systemen. Erst eine sorgfältige Ultrafiltration entfernt die Staubteilchen und läßt die von den Molekülen oder Molekülaggregaten verursachte optische Trübung einwandfrei sichtbar werden.

An zweiphasigen dispersen Systemen fällt der *Tyndall*-Versuch zwangsläufig positiv aus. Damit kann der Beweis erbracht werden, daß es eine lückenlose Reihe von wässrigen Lösungen gibt, welche von optisch leeren, echten Lösungen ausgehend über die dispersen Systeme, den kolloiden Lösungen bis zu den makroskopisch zweiteiligen Systemen führt, die bereits unter der Wirkung der Schwerkraft sedimentieren. Wir können daher mit Recht die dispersen Systeme fest/flüssig und flüssig/flüssig als kolloide Lösungen bezeichnen.

Bei dem *Tyndall*-Effekt wird das einfallende Licht an den Teilchen der dispersen Phase gebeugt. Diese Lichtstrahlen sind linear polarisiert mit einem Maximum der Polarisation in einem Winkel von 90° zum einfallenden Strahl. Die Intensität des von den Teilchen abgebeugten Lichts ist proportional dem Quadrat des Volumens der einzelnen Teilchen und umgekehrt proportional der vierten Potenz der Lichtwellenlänge.

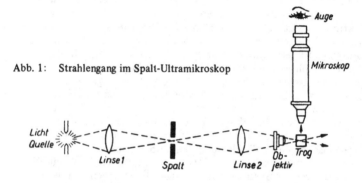

Abb. 1: Strahlengang im Spalt-Ultramikroskop

Von *Siedentopf* und *Zsigmondy* ist der *Tyndall*-Effekt durch Konstruktion des *Spalt-Ultramikroskops* so verfeinert worden, daß auch Einzelteilchen in dispersen Systemen als Beugungsbilder zu erkennen sind. Nach dem in Abb. 1 dargestellten Prinzip gelangen nur die von den Teilchen abgebeugten Lichtstrahlen in das Mikroskop. Der Beobachter kann also nicht die wahre Gestalt der Teilchen erkennen. Die in der Einstellebene des Mikroskops befindlichen Teilchen erscheinen als helleuchtende Punkte, während die sich darüber und darunter befindlichen sich nur als konzentrische Kreise zu erkennen geben. Das *Immersions-Ultramikroskop* und das *Kardioid-Ultramikroskop* sind Verbesserungen des gezeigten Prinzips. Mit Hilfe des Ultramikroskops kann nun die Größe der in einem dispersen System enthaltenen Einzelteilchen ermittelt werden, sofern sie angenähert als isodispers gelten können. Nach *Zsigmondy* erhält man die lineare Ausdehnung l der einzelnen Teilchen nach der Formel

$$l = \sqrt[3]{\frac{A}{s \cdot n}},$$

in der A die Masse des in einem beliebigen Volumen enthaltenen dispersen Anteils, n die Anzahl der in dem gleichen Volumen enthaltenen ausgezählten Teilchen und s die Dichte des dispersen Anteils bedeuten. Die Gültigkeit der Formel setzt jedoch voraus, daß die Teilchen Würfelgestalt besitzen, den von ihnen eingenommenen Raum restlos ausfüllen und nebenbei keine amikroskopischen Teilchen vorhanden sind. Mit der sicher besseren Annäherung an die Kugelgestalt lautet die entsprechende Formel für den Kugelradius r:

$$r = \sqrt[3]{\frac{3 \cdot A}{4 \cdot \pi \cdot n \cdot s}} .$$

Unter Berücksichtigung der Fehlerquellen und der ungleichmäßigen Teilchengröße findet man nach dieser Auszählmethode meist die obere Grenze für die Teilchengröße.

Einen anderen Weg der *Teilchengrößenbestimmung* liefert die auf dem *Stokes*schen Gesetz beruhende Fallmethode. Bezeichnet man die Dichte des Dispersionsmittels mit d, diejenige der dispersen Phase mit D und den Fallweg in der Zeiteinheit mit h/t, so erhält man für den Kugelradius der Teilchen:

$$r = \sqrt{\frac{h}{t}} \cdot \sqrt{\frac{9}{2 \cdot (D - d) \cdot g}} .$$

Der Fallweg kann unter Einhaltung bestimmter Vorsichtsmaßnahmen mit dem Mikroskop oder Ultramikroskop an Einzelteilchen oder durch Verfolgen des Absinkens eines sich ausbildenden Meniskus zwischen dem dispersen System und dem Dispersionsmittel bestimmt werden.

Zur Abkürzung der Beobachtungszeit für den Fallweg hat *The Svedberg* die *Ultrazentrifuge* geschaffen, indem er die Schwerkraft durch die Zentrifugalkraft ersetzt und die Wanderung des Meniskus mit einer Schlierenoptik verfolgt hat. Eine weitere Methode der Teilchengrößenbestimmung beruht auf der Auswertung des *Debye-Scherrer*-Diagramms. Schließlich eignet sich noch die von *Mecklenburg* beschriebene *Tyndallmetrie* zur Teilchengrößenbestimmung. Allerdings gestattet diese Methode nur Vergleichsmessungen mit einem Sol von bekannter Teilchengröße. Wenn der Teilchenradius gegenüber der Wellenlänge des abgebeugten Lichtes klein ist, gilt das *Rayleigh*sche Gesetz, wonach die Intensität des abgebeugten Lichts J proportional der Anzahl der Teilchen n, dem Quadrat des Volumens eines Teilchens v und umgekehrt proportional der vierten Potenz der Wellenlänge des eingestrahlten Lichts λ ist. Dann gilt die Formel:

$$J = k \cdot \frac{n \cdot v^2}{\lambda^4} .$$

So erhält man die Verhältniszahl τ: $\quad \tau = \sqrt[3]{\frac{J_1}{J_2}}$

aus den gemessenen Intensitäten eines Sols von bekannter Teilchengröße und eines Sols unbekannter Teilchengröße. Diese Verhältniszahl τ gibt an, wieviel mal so groß die Kante eines Würfels in dem einen System gegenüber der Kante eines Würfels im anderen System ist.

Die modernen elektronischen *Coulter-Counter* können 5000 Partikel in der Sekunde zählen. Nach dieser Methode läßt man die Suspension durch eine kleine Kapillaröffnung in ein elektrisches Feld strömen und registriert die eintretende Änderung der Impedanz, die in einem bestimmten Verhältnis zum Volumen der Teilchen steht. Damit erhält man das gesuchte Teilchenvolumen V nach der Formel

$$V = K \cdot A \cdot J \cdot T$$

mit K der durch Eichung ermittelten Konstanten, A der elektronischen Verstärkung, J der Stromstärke und T der Schwellenwerteinstellung. Auf diese Weise kann innerhalb einer Minute die gesamte Größenverteilungskurve der Teilchen in einem Sol automatisch aufgenommen werden.

Die genannten Methoden der Teilchengrößenbestimmung werden zwangsläufig auch auf polydisperse Systeme angewendet. Vor allem gilt dies für die *Sedimentationsanalyse*. Da nach dem *Stokes*schen Gesetz die gröberen Teilchen schneller fallen als die kleineren, kann man in bestimmten Zeitabständen das Gewicht des abgesunkenen dispersen Anteils ermitteln. Aus der Fallgeschwindigkeit wird die Größe dieser Teilchen und aus dem Gewicht der prozentuale Anteil der dispersen Teilchen dieser Größe berechnet. Für grobe Aufschlemmungen eignet sich hierzu der Sedimentationsapparat nach *Andreasen*.

Im Prinzip kann auch die *Mohr*sche Waage zur Sedimentationsanalyse herangezogen werden. So wird in dem Sedimentationsapparat nach *Wiegner*, nach *Sven Oden* und nach *Ostwald* und *von Hahn*

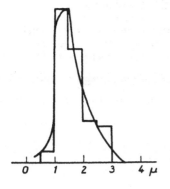

Abb. 2: Teilchengrößenverteilung
nach einer Sedimentationsanalyse

die Änderung der Dichte als Folge der sedimentierenden Teilchen photographisch registriert. Als Ergebnis erhält man eine Teilchengrößenverteilung, wie sie in Abb. 2 dargestellt ist.

Bei der Betrachtung der im Ultramikroskop abgebeugten Lichtstrahlen zeigen die kolloiden Teilchen eine dauernde, unregelmäßige Bewegung, die nach dem Botaniker *Robert Brown* als *Brown*sche Bewegung oder *Brownsche Molekularbewegung* genannt wird. Nach den Feststellungen von *The Svedberg* ist sie unabhängig von sämtlichen äußeren Einflüssen. Nur mit steigender Temperatur wird sie lebhafter, mit zunehmender Teilchengröße und steigender Viskosität des Dispersionsmittels dagegen langsamer.

Schichtet man z. B. eine Lösung von Kaliumpermanganat in Wasser als echte Lösung unter eine Wasserschicht, so verschwindet die Trennlinie sehr schnell, weil der gelöste Stoff entgegen der Schwerkraft in das Lösungsmittel eindiffundiert. Wenn man jedoch eine kolloide Lösung, z. B. ein rotes Goldsol, unter Wasser schichtet, so bleibt die Trennlinie erheblich länger erhalten. Die kolloiden Teilchen diffundieren wesentlich langsamer in das reine Dispersionsmittel und üben damit einen osmotischen Druck aus. Je größer die Teilchen sind, desto langsamer verläuft die Diffusion.

Die *Diffusion* der dispersen Teilchen ist eine Folge der *Brown*schen Bewegung. Damit kann der *Diffusionskoeffizient D*

$$D = \frac{R \cdot T}{N} \cdot \frac{l}{6 \cdot \pi \cdot \eta \cdot r}$$

berechnet werden mit R der Gaskonstanten, T der absoluten Temperatur, N der *Loschmidt*schen Zahl, η der Viskosität des Dispersionsmittels und r dem Radius der Teilchen.

Taucht man zwei Elektroden in ein disperses System und legt Gleichstrom an, so beginnen die Teilchen nach einer Elektrode zu wandern. Die Richtung dieser *Elektrophorese* genannten Bewegung folgt dem *Cohn*schen Gesetz, wonach der Bestandteil mit der höheren Dielektrizitätskonstante sich positiv aufladen und sich damit dem negativen Pol nähert. Da Wasser die höchste Dielektrizitätskonstante aufweist, ladet sich der wäßrige Anteil stets positiv gegenüber einem anderen festen oder flüssigen Anteil auf. Mit Hilfe der Elektrophorese kann der Ladungssinn disperser Teilchen experimentell bestimmt und auch die Wanderungsgeschwindigkeit der Grenzfläche eines dispersen Systems gegen das reine Dispersionsmittel gemessen werden.

Die Elektrophoresemessungen sind besonders für das Gebiet der Eiweißstoffe interessant, weil auf diese Weise ihr *isoelektrischer Punkt* ermittelt werden kann. Der isoelektrische Punkt gibt diejenige Wasserstoffionenkonzentration an, bei welcher die Teilchen entweder keine Ladung oder gleichviel positive und negative Ladungen tragen, so daß sie sich in einem Spannungsgefälle nicht bewegen. Dagegen wandern sie bei einem niederen p_H-Wert zur Kathode und bei einem höheren zur Anode. Damit verhalten sich die Eiweiße als *Ampholyte*.

Für spezielle Untersuchungen, z. B. der Trennung von Aminosäuren, eignet sich noch die Papier- und die Zonenelektrophorese, weil die charakteristische Verteilung der Kationen und der Anionen Unterschiede in der Leitfähigkeit bewirkt. Ebenso kann aus der experimentell gemessenen Wanderungsgeschwindigkeit die Ladung der Teilchen, das kinetische Potential oder ζ-*Potential*, berechnet werden. Die Wanderungsgeschwindigkeit V ist proportional dem ζ-Potential, der angelegten Spannung E als Spannungsabfall pro cm, der Dielektrizitätskonstanten ϵ des Dispersionsmittels und umgekehrt proportional der Viskosität η des Dispersionsmittels. Damit ergibt sich für das kinetische Potential

$$\zeta = \frac{6 \cdot \pi \cdot \eta \cdot V}{E \cdot \epsilon}.$$

Wie in einer Elektrolytlösung entspricht auch in einem dispersen System der meist negativen Ladung der Teilchen eine gleich große, entgegengesetzte, meist positive Ladung im Dispersionsmittel. Damit lassen sich die kolloiden Lösungen wie Elektrolytlösungen untersuchen durch Messung der *Überführungszahlen*, der *Elektroosmose* mit ihren Umkehrungen, dem *Strömungsproportional* und der *Wasserfallelektrizität*, oder der *dielektrischen Eigenschaften*. So kann z. B. durch Dispergierung von Aluminium- oder Graphitpulver und Polyglykolen in Polystyrol oder Acetylcellulose die Dielektrizitätskonstante beeinflußt werden, um die unangenehme *elektrostatische Aufladung* von Kunststoffen herabzusetzen.

Zur quantitativen Messung der *Adsorption* an kolloiden Systemen muß man die Konzentration des zu adsorbierenden Stoffes nach erfolgter Adsorption kennen, um aus der Differenz der Konzentrationen die Menge des adsorbierten Stoffes berechnen zu können. Die hierzu erforderliche Trennung der dispersen Teilchen vom Dispersionsmittel kann jedoch nicht durch ein übliches Filter erfolgen. Dafür ist ein spezielles *Ultrafilter* erforderlich, das meist aus Kollodium oder regenerierter Cellulose besteht und auf einer Stützplatte aufliegt, damit das reine Dispersionsmittel entweder mit Vakuum durchgesaugt oder mit Druckluft durchgedrückt wird.

Die *Ultrafiltration* stellt ein wichtiges Hilfsmittel für die Untersuchung von Hydrosolen vor allem von Oxiden und von organischen Stoffen dar. Auf diese Weise kann das Gleichgewicht zwischen Elektrolyt und dem eigentlichen Kolloid ermittelt werden. Zur Beschleunigung der Trennung dient die Elektro-Ultrafiltration. Durch Aufnahme der Stromstärkekurve bei gleicher Spannung gelingt so die Untersuchung der Löslichkeitsverhältnisse für die Nährstofflieferung des Bodens an die Pflanze.

Zur Trennung der kolloiddispersen Systeme von den molekulardispersen Anteilen und damit zur Reinigung von Kolloiden dient die mit der Ultrafiltration verwandte *Dialyse*. Während die molekulardispersen Anteile durch eine semipermeable Wand, Cellophan oder regenerierte Cellulose usw., werden die Teilchen kolloider Größenordnung zurückgehalten. Da der Diffusionsvorgang nur an der Membran erfolgt, trägt eine möglichst große Membranoberfläche, ein Rührwerk, die kontinuierliche Entfernung des diffundierten Anteils und schließlich das Anlegen von Gleichstrom zu beiden Seiten der Membran, wesentlich zur Beschleunigung des Dialysiervorganges und damit zur Reinigung der Hydrosole bei. Als Beispiel soll hier der Elektro-Schnelldialysator nach *Brintzinger* genannt werden.

Zur kritischen Beurteilung der Dialyse kann der *Dialysekoeffizient* λ

$$\lambda = \frac{-(\log c_t - \log c_o)}{t \cdot \log e}$$

mit c_o der Anfangskonzentration, c_t der Konzentration zur Zeit t und e der Basis des natürlichen Logarithmus berechnet werden. Hiernach ist der Dialysekoeffizient proportional der Membranfläche und umgekehrt proportional der Zeit. Dagegen ist die erforderliche Zeit zum Erreichen einer bestimmten Konzentration umgekehrt proportional der Membranfläche und dem Dialysekoeffizienten.

Für eine einwandfreie Dialyse muß das Porenvolumen der Membran mit etwa 50 nm verhältnismäßig groß gegenüber dem Durchmesser der diffundierenden Teilchen sein. Unter dieser Voraussetzung lassen sich Molekulargewichte aus dem Dialysekoeffizienten nach der Gleichung

$$\lambda_1 \sqrt{M_1} = \lambda_2 \sqrt{M_2} = konst$$

und aus dem Diffusionskoeffizienten nach der Gleichung

$$D_1 \sqrt{M_1} = D_2 \sqrt{M_2} = konst$$

berechnen. Nach beiden Methoden werden übereinstimmende Ergebnisse erhalten.

Liegt der zu untersuchende Stoff in der Lösung eines Fremdelektrolyten vor, mit dem gleichen Gegenion wie das zu untersuchende Ion und der Fremdelektrolyt im Außenwasser in gleicher Konzentration, so lassen sich *Ionengewichte* bestimmen. Auf diese Weise ist die lyotrope Ionenreihe der Erdalkalien in ihren Chloridlösungen bestätigt worden, indem die Dialysegeschwindigkeit proportional mit dem Ionenvolumen abnimmt:

$CsCl > RbCl > KCl > NaCl > LiCl > BaCl_2 > SrCl_2 > CaCl_2$.

Außer den bisher genannten Membranen mit Poren, den Filtermembranen, gibt es noch die Löslichkeitsmembranen, bei denen der betreffende Stoff zunächst in der Membran gelöst und dann auf der anderen Membranseite an das reine Lösungsmittel abgegeben wird. Dieser Vorgang wird als *Diasolyse* bezeichnet und ist charakteristisch für Membranen aus kalt vulkanisiertem Kautschuk. Hier gelten die gleichen Gesetzmäßigkeiten wie für die Dialyse. Die Substanzen müssen hydrolisierbar und in der Membran löslich sein. Da Kolloide und die meisten Salze nicht hydrolysieren, gelingt auf diese Weise leicht eine quantitative Trennung von diasolysierenden und nicht diasolysierenden Stoffen.

Eine Formänderung der dispersen Teilchen bewirkt eine Änderung ihrer spezifischen Oberfläche und damit der Grenzflächenenergie. Daher ist die geometrische Form besonders für diejenigen Eigenschaften maßgebend, welche durch die Grenzflächenenergie bestimmt werden, z. B. das Adsorptionsverhalten. Aber auch die optischen und mechanischen Eigenschaften werden durch Größe und Gestalt der Teilchen bestimmt.

So wird von kugelförmigen Teilchen im Ultramikroskop ein gleichmäßiges Licht abgestrahlt, das trotz der *Brown*schen Bewegung in allen Lagen gleich gut sichtbar bleibt. Anisodimensionale Teilchen zeigen unter den gleichen Bedingungen nur ein unregelmäßiges Aufblitzen. Auch die Intensität des abgebeugten *Tyndall*-Lichts wird stark von der Gestalt der Teilchen in dem Sol beeinflußt. Dieser Effekt wird beim Fließen eines Sols besonders deutlich. Kugelförmige Teilchen ändern die Intensität des abgebeugten Lichts nicht. Ordnen sich dagegen stäbchen- oder blättchenförmige Teilchen mit ihrer Längsachse in die Fließrichtung ein, so ergibt sich eine Änderung der Lichtintensität mit der Beobachtungsrichtung.

Bestehen die Teilchen in einem Sol aus Kristallen mit Doppelbrechung, so bleibt das Gesichtsfeld zwischen den gekreuzten Nikols solange dunkel, wie das Sol sich in Ruhe befindet, weil die Teilchen infolge der *Brown*schen Bewegung regellos verteilt sind. Erst bei einem Fließvorgang ordnen sich die Teilchen mit ihrer Längsachse parallel zur Strömungsrichtung, und das Sol wird doppelbrechend. Das Sol zeigt damit *Strömungsdoppelbrechung*. Nachdem auch anisodimensionale Teilchen ohne Eigendoppelbrechung bei Parallellagerung ihrer Längsachsen doppelbrechend werden, ist die Strömungsdoppelbrechung für die kolloiden Lösungen ein ausgeprägtes Charakteristikum.

Zu den mechanischen Eigenschaften, die von der Form der dispersen Teilchen stark beeinflußt werden, gehört der Reibungswiderstand zwischen den Teilchen und dem Dispersionsmittel. Für kugelförmige, nicht deformierbare Teilchen kann der Reibungswiderstand W aus der *Stokes*schen Gleichung

$$W = 6 \cdot \pi \cdot \eta \cdot r$$

berechnet werden, mit η als der dynamischen Viskosität des Dispersionsmittels und r dem Radius der kugelförmigen Teilchen. Somit übt die Gestalt der Teilchen einen wesentlichen Einfluß auf die Viskosität, dem Reibungswiderstand eines dispersen Systems aus.

Die Lösungen von Cellulose, Kautschuk oder der Kunststoffe unterscheiden sich als lyophile Kolloide in ihrem *Viskositätsverhalten* grundlegend von den lyophoben Solen, den Lösungen niedermolekularer Stoffe und den reinen Flüssigkeiten. Die Ursache für das andersartige Viskositätsverhalten liegt in der Wechselwirkung zwischen den dispersen Teilchen und dem Dispersionsmittel. Die lyophilen Kolloide werden vom Dispersionsmittel durchströmt, d. h. sie besitzen eine Solvathülle. Damit bilden die Kolloidteilchen weitgehend selbständige Einheiten mit starker Wechselwirkung zwischen den Teilchen und mit den Molekülen des Dispersionsmittels. Infolgedessen wird z. B. das Licht nur ungenügend abgebeugt, und das Ultramikroskop versagt hier zur Teilchengrößebestimmung. Besonders deutlich wird der Unterschied in dem Fließverhalten deutlich, d. h. in ihrer Viskosität.

Unter der Voraussetzung der laminaren, gleichförmigen, also langsamen Strömung wird der innere Reibungskoeffizient, Viskositätskoeffizient oder einfach Viskosität oder Zähigkeit genannt, η nach *Newton* definiert als das Verhältnis der Kraft p, die an der Fläche F angreift, zu dem dieser Fläche erteilten Geschwindigkeitsanstieg von dv/dh gegenüber der gleichen feststehenden Fläche F im Abstand h, wie die Darstellung in Abb. 3 veranschaulicht. Damit ist η, *dynamische Viskosität* genannt, das Verhältnis der Schubspannung τ in dyn/cm^2 zum Geschwindigkeitsgefälle G in sec^{-1}.

$$\eta = \frac{\tau}{G}.$$

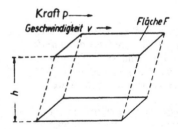

Abb. 3: Verschiebung paralleler Flächen F im Abstand h mit der Kraft p.

Beträgt die Fläche 1 cm², der Abstand 1 cm und die Schubspannung 1 dyn/cm², so erhält man die absolute Einheit der Viskosität, die zu Ehren von *Poiseuille* 1 Poise = 1 *P* genannt wird. Wegen der sehr großen Einheit wird in der Praxis meist $^1/_{100}$ P = 1 cP (Centipoise) verwendet.

$$\frac{1 \text{ dyn/cm}^2}{1 \text{ sec}^{-1}} = 1 \text{ P} = 100 \text{ cP} .$$

Als Beispiel beträgt die dynamische Viskosität von Wasser bei 20,2 °C 1 cP.

Den reziproken Wert von η bezeichnet man als *Fluidität*. Dieser Ausdruck hat sich vor allem in den USA eingeführt.

$$\frac{1}{\eta} = \psi .$$

Den Quotienten der dynamischen Viskosität η durch die Dichte 1

$$\frac{\eta}{1} = \nu$$

nennt man die *kinematische Viskosität* ν, die in Stokes (St) oder Centistokes (cSt) gemessen wird.

Vor allem bei den verdünnten Lösungen von Makromolekülen interessiert die *relative Viskosität*, d. h. die Viskosität im Verhältnis zu einer Eichflüssigkeit, meist des reinen Lösungsmittels

$$\eta_{rel} = \frac{\eta_L}{\eta_{LM}} .$$

Somit gibt die relative Viskosität eine Aussage über die Viskositätserhöhung, welche die Makromoleküle dem Lösungsmittel erteilen. Dann ist die *spezifische Viskosität* η_{sp} die Änderung, die der gelöste Stoff im Lösungsmittel bewirkt

$$\eta_{sp} = \frac{\eta_L - \eta_{LM}}{\eta_{LM}} = \eta_{rel} - 1 .$$

Hinzu kommen noch die Konventionseinheiten der Viskosität, in Deutschland der *Engler-Grad* E, in England die *Redwood-Sekunde* und in den USA die *Sayboldt-Sekunde*. Dies sind zwar genormte, jedoch willkürlich gewählte Einheiten, mathematisch meist komplizierte Funktionen der dynamischen Viskosität, die noch heute in der Ölindustrie gebräuchlich sind.

Nach *Newton* ist die dynamische Viskosität als Quotient von Schubspannung und Geschwindigkeitsgefälle eine Materialkonstante, die sich nur mit der Temperatur ändert. Sämtliche Flüssigkeiten, die dieser Anforderung genügen, werden als *Newtonsche Flüssigkeiten* bezeichnet. Unter der Voraussetzung einer laminaren, gleichförmigen Strömung kann die Viskosität gemessen werden. Wird jedoch eine gewisse Fließgeschwindigkeit überschritten, so tritt Turbulenz auf, und die Viskosität ist nicht mehr die allein bestimmende Größe. Die Turbulenz setzt bei einem kritischen Betrag der *Reynoldsschen Zahl* R ein, die man für die Kapillarströmung nach der Formel

$$R = v \cdot 2\,r \cdot \rho/\eta \,,$$

mit v der Fließgeschwindigkeit in cm/s, r dem Kapillarradius und ρ der Dichte berechnen kann. Da R nur vom Radius der Kapillare und nicht von der Natur der Flüssigkeit abhängt, läßt sich durch vergleichende Messungen in verschiedenen Kapillaren leicht feststellen, in welchem Bereich man sich befindet.

Für die praktische Messung der Viskosität liefert die Hydrodynamik eine Reihe von Strömungsformen. Hierzu gehört vor allem

die Kapillarströmung,
die Strömung um eine fallende Kugel und
die Strömung zwischen rotierenden, konzentrischen
Zylindern, die sog. *Couette*-Strömung.

Zur Messung der Kapillarströmung erhält man unter der Annahme, daß eine Flüssigkeit unter der Wirkung eines Druckgefälles $\Delta p/l$ eine Kapillare der Länge l cm und dem Radius r cm durchfließt, das Strömungsvolumen V/t (ml/s) durch den Querschnitt nach dem *Hagen-Paseuilleschen Gesetz* und damit

$$\eta = \frac{\pi \cdot r^4 \cdot \Delta p \cdot t}{8 \cdot V \cdot l} \,.$$

Fließt die Flüssigkeit unter der Wirkung der eigenen Schwere, so wird $\Delta p = \rho \cdot g \cdot h$ mit ρ der Dichte, g der Erdbeschleunigung und h dem Niveauunterschied zu Beginn und Ende der Messung. Durch Zusammenfassung der für jedes Kapillarviskosimeter gegebenen Größen zu einer Apparatekonstante k erhält man schließlich für die praktische Messung

$$\eta = k \cdot t \cdot \rho \,,$$

mit t der Auslaufzeit zwischen beiden Markierungen und ρ der Dichte der Flüssigkeit. Ist k mit einem Eichöl bekannter Viskosität in cP gemessen worden, so erhält man auch die gesuchte dynamische Viskosität in cP.

Allerdings sind einige Korrektionen zu beachten. So bildet sich die in die Rechnung eingehende Kapillarströmung erst nach einer gewissen Anlaufstrecke aus. Da hier die von dem treibenden Druck zu leistende Arbeit größer ist als nach Erreichen des Strömungsprofils, ist sie durch eine fiktive Verlängerung der Kapillare zu berücksichtigen. Diese *Couette-* oder *Kapillar-Korrektion* wird durch das Verhältnis r/l bestimmt. Daher ist es zweckmäßig, möglichst Kapillaren von wenigstens 10 cm Länge zu verwenden.

Wichtiger ist jedoch die *Hagenbach-Korrektion,* deren Nichtberücksichtigung meist die Ursache von fehlerhaften Ergebnissen ist. nach dem Durchfließen der Kapillare tritt die Flüssigkeit als Strahl in eine Erweiterung ein. Damit wird aber die kinetische Energie in Wärme umgewandelt und nicht in hydrostatischen Druck, so daß die Viskosität zu hoch erscheint. Dieser Verlust an kinetischer Energie ist von *Hagenbach* berechnet worden. Achtet man jedoch darauf, daß bei Verwendung von 10 cm langen Kapillaren die Auslaufzeit für 1 ml Flüssigkeit bei 100 s liegt, kann in der Praxis auf Korrektionen verzichtet werden. In Abb. 4 sind als meist verwendete Kapillarviskosimeter das *Ostwald-Fenske-* und das *Ubbelohde-Viskosimeter* mit dem hängenden Niveau dargestellt.

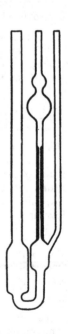

Abb. 4: Das *Ostwald-Fenske-*
Viskosimeter

Das *Ubbelohde-*
Viskosimeter

Um die Strömung um eine Kugel zur Viskositätsmessung heranzuziehen, geht man von dem *Stokes*schen Gesetz aus. Fällt die Kugel durch ihr eigenes Gewicht, wie bei den meisten Kugelfall-Viskosimetern, so ergibt sich unter Berücksichtigung des Auftriebs für die dynamische Viskosität η:

$$\eta = \frac{2 \cdot 981}{9} \cdot \frac{\rho_K - \rho_F}{v} \cdot r^2 ,$$

mit ρ_K und ρ_F der Dichte für Kugel und Flüssigkeit, v der Fallgeschwindigkeit und r dem Kugelradius. Zu beachten ist hierbei der durch den Bodeneinfluß verursachte Fehler, der durch das Verhältnis r/H mit H dem Abstand der Kugel vom Boden bedingt ist. Daraus ergibt sich eine Verwendung möglichst kleiner Kugeln und möglichst langer Fallrohre, um diesen Fehler vernachlässigen zu können.

Das unter DIN 53015 genormte *Höppler-Kugelfallviskosimeter* stellt einen Sonderfall dar, indem die Kugel in einem $10°$ geneigten Rohr entlang gleitet und sich dabei dreht. Es gestattet sehr genaue Messungen in einem geschlossenen System. Nur kann die Schubspannung und das Geschwindigkeitsgefälle nicht getrennt berechnet werden, so daß ausschließlich *Newton*sche Flüssigkeiten gemessen werden können.

Bei der Strömung zwischen rotierenden konzentrischen Zylindern mit geringer Spaltbreite, der *Couette*-Strömung, bleibt die Schubspannung praktisch über die gesamte Spaltbreite konstant. Ein weiterer Vorteil liegt in der Möglichkeit, die *Rotationsviskosimeter* als direkt anzeigende Geräte zur Messung von zeitlichen Veränderungen der Viskosität einzusetzen. Gemessen wird die eingestellte Drehzahl n pro Minute am äußeren Zylinder und die resultierende Ablenkung α in Winkelgraden des an einem Torsionsdraht aufgehängten Innenzylinders. Damit kann die Schubspannung τ und das Geschwindigkeitsgefälle G berechnet werden.

$$\tau = \frac{C \cdot 2 \cdot \alpha}{1 - (r_i/r_a)^2} , \qquad G = \frac{2 \cdot \omega}{1 - (r_i/r_a)^2} ,$$

mit C der durch Eichung ermittelten Apparatekonstante, r_i und r_a den Radien des Innen- und des Außenzylinders und ω der Winkelgeschwindigkeit

$$C = \eta \cdot n/\alpha , \qquad \omega = 2 \cdot \pi \cdot n/60 .$$

Auch bei diesen Messungen ist das Überschreiten der kritischen Winkelgeschwindigkeit ω_K

$$\omega_K = \frac{2000 \cdot \eta}{r_a \cdot (r_a - r_i) \cdot \rho}$$

zu vermeiden, weil Turbulenz eintritt und die Viskositätswerte verfälscht werden.

Bei den normalen, den *Newton*schen Flüssigkeiten nimmt das Geschwindigkeitsgefälle proportional mit der Schubspannung zu, so daß der Quotient beider Größen, die dynamische Viskosität, konstant bleibt. Vor allem die lyophilen Sole und die Lösungen der Makromoleküle zeigen Abweichungen von dieser Gesetzmäßigkeit, indem das Geschwindigkeitsgefälle G nur eine Funktion der Schubspannung τ ist. Hier kann man nur schreiben

$$G = f(\tau) \,,$$

und man erhält jeweils eine von den Versuchsbedingungen abhängige *effektive Viskosität* η' (= apparent viscosity). Zur Charakterisierung eines derartigen Fließverhaltens muß über einen möglichst großen Schubspannungsbereich gemessen werden, wodurch man eine *Fließkurve* erhält.

Von *Ostwald* sind die Fließanomalien unter der Bezeichnung *Strukturviskosität* zusammengefaßt und von *Freundlich* als *Fließelastizität* bezeichnet worden. Allgemein gelten alle Systeme mit Abweichungen vom *Newton*schen Fließverhalten als *nicht-Newtonsche Flüssigkeiten*. Die Untersuchung des Fließverhaltens derartiger Systeme nennt man Rheologie.

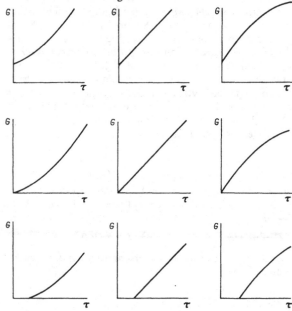

Abb. 5: Die möglichen Fließkurvenformen nach *Umstätter*.

In Abb. 5 sind die möglichen Formen der Fließkurve nach *Umstätter* zusammengestellt. In der Mitte zeigt eine *Newton*sche Flüssigkeit Proportionalität zwischen τ und G, und in einem doppelt logarithmischen Raster resultiert als Fließkurve eine Gerade im Winkel von 45°. Ein *Binghamscher Körper*, Mitte unten, zeigt zwar ebenfalls *Newton*sches Fließverhalten, jedoch mit einer gewissen Fließfestigkeit. Hierzu gehören die Zahnpasten. Dagegen zeigt das System Mitte oben eine Fließelastizität als Nachwirkung elastischer Kräfte von einer vorhergehenden Verformung. Zu dieser Gruppe gehören die Schleime und die Ammoniumoleat-Sole. Hier kommt die meist unbekannte Vorgeschichte eines dispersen Systems deutlich zum Ausdruck.

Ein anderes Fließverhalten zeigt die Darstellung Mitte links mit einer exponentiellen Zunahme des Geschwindigkeitsgefälles mit der Schubspannung. Ein derartiges Verhalten ist den Flüssigkeiten eigen, die sich schlüpfrig anfühlen und die mit zunehmender Beanspruchung immer besser gleiten. Hierzu gehören die Lösungen der Makromoleküle. Auch setzt man Schmierölen noch öllösliche Kunststoffe zu, um die Gleiteigenschaften des Öls zu erhöhen. Das entgegengesetzte Verhalten, die Fließverfestigung oder *Rheopexie*, ist Mitte rechts dargestellt. Als Beispiel hierfür kann die Streckhärtung der Metalle dienen. Die in den vier Ecken dargestellten Kurven sind Kombinationen der genannten Fließformen und kennzeichnen das quasielastische und quasiplastische Verhalten der nicht-Newtonschen Flüssigkeiten.

Allgemein kann man sagen, daß die Faktoren, welche die Druckabhängigkeit der Viskosität beeinflussen,
1. die Größe der Teilchen,
2. die geometrische Form der Teilchen (Kugel, Faden),
3. die Wechselwirkung zwischen den Teilchen und mit dem Dispersionsmittel,
auch für die Konzentrationsabhängigkeit der Viskosität und des osmotischen Druckes verantwortlich sind.

An manchen Systemen beobachtet man noch eine andere Erscheinung, die *Thixotropie*. Z. B. die Bentonit-Suspensionen und Latex-Emulsionen werden bei einer mechanischen Beanspruchung dünnflüssig, um nach einiger Zeit der Ruhe wieder dickflüssig wie vorher zu werden. Weiterhin zeigen vor allem makromolekulare Stoffe, die sich aus konzentrierter Lösung zu synthetischen Fasern verspinnen lassen, das ebenfalls meßbare *Fadenziehvermögen*.

Den genannten mechanischen Eigenschaften der flüssigen Systeme entspricht die *Plastizität* der im üblichen Sinne festen Körper. Weil die plastischen Körper bereits bei geringer Beanspruchung eine bleibende Formänderung erfahren, nehmen sie eine Mittelstellung zwischen den spröden und den vollelastischen Körpern ein. Zur Messung der Plastizität dient ein Plastometer, welches die Eindringtiefe eines genau definierten Prüfkörpers bestimmt. Ebenso wie die Thixotropie gibt es auch für die Plastizität bis heute noch keine exakt definierte

Einheiten für die Messung, weil diese Eigenschaften sehr komplexer Natur sind.

2.3 Aggregate

Aggregate sind Gebilde aus Bauelementen, die durch Bindungskräfte dynamisch miteinander verbunden sind, wobei im Inneren ein Zusammenhalt (*Kohäsion*) und nach außen eine geschlossene Einheit entstanden ist. Die einfachste Unterteilung derartiger Systeme erfolgt nach der Größe ihrer Einzelelemente in

1. hochdisperse Aggregate,
2. kolloide Aggregate,
3. grobdisperse Aggregate.

Zweckmäßiger ist jedoch die Einteilung nach der Art der Bindungskräfte, die zwischen den Einzelelementen der Aggregate wirksam sind. Bezeichnet man die Bindungskräfte mit Elektronenumgruppierung, Valenzkräfte, als primäre Bindungskräfte, so gelten die hieraus entstehenden Aggregate als *primäre Aggregate*. Im Gegensatz hierzu bezeichnet man die Aggregate, die durch sekundäre physikalische Kräfte wie elektrostatische Anziehung aus den primären Aggregaten entstehen, als *sekundäre Aggregate*. In der Praxis können jedoch beide Kräfte gleichzeitig auftreten. Eine scharfe Trennung ist daher nicht immer möglich.

Es gibt keinen Grund für eine Begrenzung der Zusammenlagerung von Atomen durch Valenzkräfte zu einem Molekül. Damit ist ohne weiteres mit der Entstehung von riesigen Molekülen als Moleküle von kolloiden Dimensionen zu rechnen. Von *Ostwald* sind diese primären Aggregate als *Eukolloide* und von *Staudinger* als *Molekülkolloide* bezeichnet worden, während man heute allgemein von *Makromolekülen* spricht.

Für den Volumenbedarf eines derartigen Moleküls ist nicht nur die Zahl der gebundenen Atome maßgebend, sondern auch deren räumliche Lagerung. In dem einfachsten Fall einer kugelförmigen Bauweise der Moleküle gilt für den Zusammenhang zwischen Moleküldurchmesser und Molekulargewicht die Beziehung

$$2\,r = \sqrt[3]{\frac{6 \cdot M}{\pi \cdot N \cdot d}}\,,$$

mit r dem Radius, M dem Molekulargewicht, d der Dichte des Moleküls und N der *Loschmidt*schen Zahl. Allgemein nehmen unregelmäßig gebaute Moleküle ein größeres Volumen ein als regelmäßig gebaute. Gemessen werden kann der Platzbedarf an monomolekularen Filmen mit Hilfe der *Langmuir-Waage* (Abb. 6).

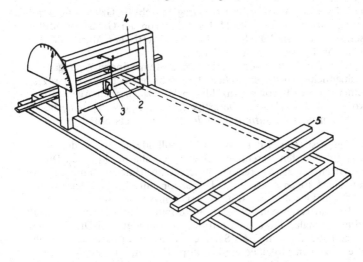

Abb. 6: Prinzip der *Langmuir-Waage*. 1 schwimmende Barriere an den Seiten abgedichtet, 2 Torsionsdraht, 3 Spiegel, 4 zweiter Torsionsdraht, auf den die Drehung von 2 durch Hebel übertragen wird, 5 Schieber.

Bei den Makromolekülen ist der kolloide Zustand eng mit der chemischen Struktur verknüpft, weshalb man sie mit Recht als Kolloide bezeichnet. Sie gehen nur über eine Quellung in Lösung und bilden ausschließlich kolloide Lösungen. Hierzu gehören Kautschuk, Cellulose, Eiweiße und die synthetischen Polymeren.

Die sekundären Aggregate entstehen aus den primären Aggregaten durch Einwirkung von sekundären, intermolekularen Bindungskräften. Da sekundäre Bindungskräfte wesentlich schwächer sind als diejenigen, die bei der Entstehung der primären Aggregate wirksam sind, bietet die erforderliche Trennungsarbeit eine Möglichkeit, quantitativ zwischen beiden Arten der Kräfte zu unterscheiden.

In molekulardispersen Systemen bewirken die sekundären Bindungs-Kräfte zunächst eine Orientierung der Dipole, wodurch die Entstehung von Schwärmen als sekundäre Aggregate ermöglicht wird. Mit steigender Temperatur geht diese Schwarmbildung infolge der Wärmebewegung der Teilchen stark zurück. Erst wenn die intermolekularen Kräfte eine größere Intensität besitzen, können nicht nur Schwärme als sich ständig verändernde Aggregate entstehen, sondern auch stabile, dynamisch begrenzte Molekülkomplexe. Diese Assoziation stellt eine Verkettung der Dipole dar, wie sie auch zur Erklärung der Abweichungen vom idealen Verhalten der Dämpfe und Flüssigkeiten dient.

Die Stärke der Assoziation ist bedingt durch die Größe des Dipolmoments, von seiner Lage im Molekül und von der Größe des Moleküls selbst. Damit sind auch hier die stereometrischen Merkmale der Moleküle für die Assoziation maßgebend.

In jedem zur Assoziation neigendem System können Aggregate unterschiedlicher Größe entstehen. Damit bilden sich durch Assoziation einer genügend großen Anzahl von Molekülen auch Aggregate von kolloiden Dimensionen. Derartige kolloiddisperse Systeme bezeichnet man als *Assoziationskolloide*. Sie sind stets polydispers.

Der Dispersitätsgrad der Assoziationskolloide hängt wie der Assoziationsgrad von den stereometrischen Eigenschaften und den Dipoleigenschaften der assoziierenden Moleküle ab. Hinzu kommen die dielektrischen Eigenschaften des Dispersionsmittels, die Konzentration der Moleküle und der Einfluß der Temperatur. Man beobachtet daher das Auftreten von Assoziationskolloiden überwiegend bei stark anisodimensionalen Molekülen mit einem relativ großen Dipolmoment Hierzu gehören die Seifen als Salze der höheren Fettsäuren. Obwohl hier die einzelnen Moleküle amikroskopisch sind, tritt in den wäßrigen Lösungen neben dem hochdispersen noch ein kolloider Anteil auf als typisches Assoziationskolloid. Der Dispersitätsgrad hängt von der Konzentration und der Temperatur ab.

Einen weiteren Einfluß übt das Dispersionsmittel aus. So ergeben 1%ige Seifenlösungen in Wasser bereits ein kolloiddisperses System, während in Alkohol 5%ige Seifenlösungen noch ein hochdisperses System darstellen. Ebenso bilden Farbstoffe aus stark anisodimensionalen Molekülen konzentrationsvariable, temperaturvariable und lösungsvariable Dispersoide. Diese Verhalten zeigt auch den Unterschied gegenüber den Makromolekülen, die nur kolloiddisperse Systeme ergeben.

Treten nun Kolloidteilchen zu Einheiten unterschiedlicher Größe zusammen, so entstehen Aggregate von Kolloiden. Nach *Zsigmondy* werden sie als sekundäre Kolloide bezeichnet, und man spricht je nach ihrem morphologischen Aufbau und ihren physikalischen Eigenschaften von Koagula, Gelen (Lyogelen und Xerogelen) oder von Gallerten. Derartige sekundäre Kolloide können durch Koagulation der primären Teilchen eines kolloiddispersen Systems entstehen, wie sie z. B. die Koagulation von Eiweißstoffen zeigt.

Die Abscheidungen aus lyophilen Systemen nennt man *Gele* oder mit Wasser als Dispersionsmittel auch Hydrogele. Die meisten Gele, z. B. das der Kieselsäure, sind irreversibel. Der Verlauf der Entwässerung unterscheidet sich von der Wasseraufnahme, wobei das Alter eines Gels und seine Vorbehandlung einen Einfluß ausübt. Andere Gele wie gequollene Gelatine sind temperaturreversibel, indem sie bei höherer Temperatur in ein Sol übergehen und bei niederen Temperaturen wieder erstarren. Wie man oft zwischen einem Schmelzpunkt und einem Erstarrungspunkt unterscheidet, so spricht man auch hier von einem Punkt der Gel-Sol- und der Sol-Gel-Umwandlung, obwohl bei extrem langsamer Temperaturänderung beide Punkte zusammenfallen müßten.

Treffen zwei miteinander reagierende Lösungen durch Diffusion in einer Gallerte zusammen, so entsteht unter gewissen Vorbedingungen kein zusammenhängender Niederschlag sondern ein System von periodisch angeordneten Niederschlagsschichten, ein als *Liesegangsche Ringe* bekannte Erscheinung. Gießt man z. B. etwas Silbernitratlösung auf eine etwas Kaliumbichromat haltige, erstarrte Gelatinegallerte, so scheidet sich das beim Eindiffundieren des Silbernitrats gebildete Silberchromat in konzentrischen Ringen ab, deren Abstand bei fortschreitender Reaktion immer größer wird. Diese Erscheinung ist durch Übersättigungseffekte zu erklären (Abb. 7).

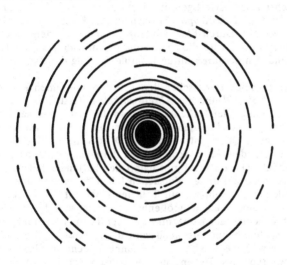

Abb. 7: *Liesegangsche Ringe.* Durch Diffusion von Silbernitrat in Chromatgelatinegallerte entstandene periodische Fällung von Silberchromat.

Die Struktur der Gele wird durch Kraftwirkungen zwischen den Kolloidteilchen bestimmt. Bei einer *Koagulation* tritt entweder eine Anziehungskraft auf, die eine Zusammenballung ermöglicht, oder eine Abstoßungskraft verschwindet, die vorher eine Zusammenballung verhindert hat. So koaguliert die disperse Phase eines Sols, wenn die einzelnen Teilchen ihre elektrische Ladung und die schützende Sorptionshülle verlieren. Damit verschwindet die Abstoßungskraft, die einer Neigung der Grenzflächenspannung, die Grenzfläche zu verkleinern, entgegenwirkt.

Bei vielen dispersen Systemen besteht ein kontinuierlicher Übergang vom Solzustand mit seinen zusammenhanglosen Einzelteilchen und dem Zustand des *Xerogels*, eines Systems mit aneinanderhaftenden Teilchen. Zwischen diesen extremen Zuständen der dispersen Systeme bilden die *Lyogele* den Übergangszustand. Damit bilden die Sole, Lyogele und Xerogele eine kontinuierliche Reihe von möglichen Zustandsformen der dispersen Systeme.

Besonders die leicht erfolgende Sol-Gel- und Gel-Sol-Umwandlung weist auf die engen Beziehungen der Zustandsformen zueinander hin. Bei Gelatinegallerten, aber auch groben Ton- und Bentonit-Suspensionen genügt oft ein leichtes Rühren zur Verflüssigung. Im anschließenden Zustand der Ruhe tritt wieder Verfestigung ein. Auch eine Ölfarbe soll unter dem Pinsel leicht fließen, aber nach dem Streichen sich möglichst rasch verfestigen, um nicht abzutropfen. Diese Erscheinung wird als *Thixotropie* bezeichnet. Sie kann beliebig oft wiederholt werden. Durch Elektrolytzugabe und besonders durch Temperaturerhöhung wird die Erstarrung beschleunigt, während Alkohole und Aminosäuren durch Komplexbildung die Erstarrung verzögern.

Von *Buzagh* sind die zwischen den Teilchen wirksamen Kräfte mit Hilfe der *Haftzahl* und des *Abreißwinkels* untersucht worden. Für die Bestimmung der Haftzahl läßt man die Teilchen einer polydispersen, entsprechend verdünnten Suspension in einer geeigneten Kammer auf einer Quarzplatte absetzen. Dann wird die Kammer umgedreht, und mit dem Mikroskop werden die noch anhaftenden Teilchen ausgezählt. Die Haftzahl gibt damit den haftengebliebenen Anteil in Prozent an. Bei diesen Versuchen fallen die großen und die kleinen Teilchen ab, während nur Teilchen einer mittleren Größe haften. Der jeweilige Teilchengrößenbereich hängt von der Beschaffenheit der Teilchen, der Konzentration, der Temperatur und dem Dispersionsmittel ab. Entsprechend wird der Abreißwinkel als derjenige Winkel gemessen, bei dem eine dünne Schicht am Boden eines Zylinders während des Drehens aus der horizontalen Lage beginnt, sich zu verschieben.

Aus dem *Abreißwinkel* α kann die Anziehungskraft p, die auf die Flächeneinheit wirkt, berechnet werden:

$$r^2 \cdot \pi \cdot p = \frac{4}{3} \cdot r^3 \cdot \pi (\rho_1 - \rho) \cdot g \cdot \sin \alpha \ .$$

Für das Haften der Teilchen aneinander sind zwei verschiedene Kräfte verantwortlich. Die eine Kraft ist die durch *van-der-Waals*sche Kräfte bedingte Anziehung, d. h. durch eine direkte Fernwirkung der Ionen oder Moleküle in den sich gegenüberstehenden Teilchenoberflächen.

Die zweite Kraft für die weitreichenden Anziehungskräfte hat ihren Ursprung in der die Teilchen und die Wand umgebenden Flüssigkeitsschicht. Diese Adsorptionsschicht, *Solvathülle* oder *Lyosphäre* genannt, enthält Moleküle des Dispersionsmittels und Ionen oder Moleküle der dispersen Phase. Die Existenz dieser weitreichenden Kräfte erklärt auch die Erscheinung der Thixotropie.

Die durch Zusammenballung von sterisch und dynamisch unabhängigen Teilchen aus den Solen entstehenden Gele nennt man *Aggregationsgele* oder Aggregationsgallerte, weil hier nur weitreichende Anziehungskräfte für den Zusammenhalt sorgen. Da sie trotz des hohen Flüssigkeitsgehaltes formbeständig sind, werden sie auch als Lyogele bezeichnet. Sie entstehen durch Konzentrationserhöhung des gelbildenden Anteils, wobei der Übergang vom Lyosol zum Lyogel kontinuierlich erfolgt. Diese Gele besitzen die von *Nägeli* geforderte Mizellarstruktur.

Die Immobilisierung des Dispersionsmittels in den Gelen nennt man *Lyosorption*. Im Extremfall kann das gesamte Dispersionsmittel in den Lyosphären gebunden sein. Gibt das Lyogel das Dispersionsmittel allmählich ab, so kommen sich die Teilchen näher, bis schließlich ein *Aggregationsxerogel* entsteht.

Hinzu kommen vor allem noch die sog. *Entmischungsgallerten,* die durch Verschmelzung von zunächst zusammenhanglosen zähflüssigen Tröpfchen zu einem zusammenhängenden Medium mit Wabenstruktur in einem dünnflüssigen Dispersionsmittel entstehen. Diesem Vorgang der eigentlichen Gelbildung, die in ternären Systemen auftritt, geht stets ein Entmischungsvorgang unter Bildung zweier Flüssigkeiten voraus. Als Beispiel für diesen Typ von Gallerten kann das System Gelatine—Alkohol—Wasser dienen.

Bei den Aggregaten aus groben Teilchen spielt die Teilchengröße eine bedeutendere Rolle als bei den Kolloiden, weil die Schwerkraft und die hydrodynamischen Gesetze der makroskopischen Körper einen Einfluß ausüben. So kommt bei den grobdispersen Aggregaten das *Verteilungsvolumen* als neue Variable hinzu. Das Verteilungsvolumen ist dasjenige Volumen, in dem die Gewichtseinheit des zerteilten Stoffes verteilt ist. Es besitzt die gleiche Bedeutung wie das spezifische Volumen, Schüttvolumen, Packungsdichte, Packungsvolumen und Sedimentvolumen.

2.4 Grenzflächenerscheinungen

Zur Ausbildung einer Grenzfläche ist stets eine gewisse Energie erforderlich. An dieser Grenzfläche gehen die Eigenschaftswerte der einen Phase in die Eigenschaftswerte der anderen Phase über. Damit können Grenzflächen nur in mehrphasigen Systemen entstehen, und die Grenzflächen besitzen andere Eigenschaften als der übrige Teil der Materie.

Ein Würfel mit 1 cm Kantenlänge besitzt eine Grenzfläche von 6 cm². Bezeichnet man das Verhältnis der Grenzfläche eines Teilchens zu seinem Volumen als *spezifische Grenzfläche*, so ist in diesem Fall die spezifische Grenzfläche ebenfalls 6 cm². Denkt man sich diesen Würfel jedoch in allen drei Dimensionen in 10^5 Parallelschnitte zerteilt, so wird die spezifische Grenzfläche $6 \cdot 10^5$ cm². Während man die geringe Grenzflächenenergie im ersten Fall vernachlässigen kann, darf sie im zweiten Fall nicht übergangen werden. Im allgemeinen muß die *Grenzflächenenergie* berücksichtigt werden, wenn die spezifische Grenzfläche größer als 10^4 cm² ist. Bei weitergehender Zerteilung überwiegt die Grenzfläche gegenüber dem gleichbleibenden Volumen immer mehr, wodurch die Grenzflächeneigenschaften immer stärker in den Vordergrund treten. Aus diesem Grund haben auch kleine Teilchen einen niederen Schmelzpunkt und eine höhere Löslichkeit als grobe Teilchen.

Wie jede Energie besteht auch die Grenzflächenenergie aus zwei Faktoren, dem Intensitätsfaktor als der Grenzflächenspannung und dem Kapazitätsfaktor als die Größe der Grenzfläche. Da jede *Grenzflächenspannung* die Grenzfläche zu verkleinern sucht, wird eine freie Grenzfläche immer den kleinstmöglichen Wert annehmen. So nimmt ein freischwebender Tropfen stets Kugelgestalt an. Dann ist der die Grenzflächenspannung erzeugende Druck mit dem Druck im Inneren im Gleichgewicht. Dieser Druck ist proportional der Grenzflächenspannung und umgekehrt proportional dem Kugelradius.

Im Bereich der kolloiden Dimensionen spielen die Grenzflächenenergien als Träger besonderer Energiearten eine bedeutende Rolle, denn sie treten sehr vielfältig in den Kapillarerscheinungen auf. Hierzu gehören die Grenzflächenspannung, die Adsorption und die kapillarelektrischen Erscheinungen.

Jede Grenzflächenenergie wirkt auf die Grenzflächenspannung in Form einer Verkleinerung der Grenzfläche ein. Sie kann aber auch bei gleichbleibender Grenzfläche die Grenzflächenspannung herabsetzen oder erhöhen. Die Herabsetzung der Grenzflächenspannung, oder an der Grenze gegen Luft der *Oberflächenspannung*, bezeichnet man als Grenzflächen- oder Oberflächenaktivität. Die Erhöhung dagegen nennt man Adsorption, die durch eine Wechselwirkung zwischen den Grenzflächenkräften und von außen angreifenden Kräften zustandekommt.

Infolge ihrer Grenzflächenspannung verdunsten kleine Tröpfchen an der Grenzfläche flüssig/gasförmig, während sich die größeren Tröpfchen abscheiden. Ebenso gehen kleine Kristalle infolge ihrer größeren Löslichkeit in Lösung, die größeren Kristalle dagegen wachsen infolge der eintretenden Übersättigung. Diesen Vorgang nennt man *Umkristallisation* oder nach *Ostwald* auch *Ostwald-Reifung*.

Sie erfolgt um so schneller, desto größer der Löslichkeitsunterschied ist zwischen den kleinen und den großen Kristallen. Als Beispiel hierfür dient das aus Bariumchloridlösung mit Schwefelsäure ausgefällte Bariumsulfat. Hier filtriert man den entstandenen sehr feinkörnigen Niederschlag besser erst am nächsten Tag, wenn die kleinsten Kristalle durch Umkristallisation sich aufgelöst haben und die größeren Kristalle gewachsen sind.

Zur Messung der Grenzflächenspannung flüssig/gasförmig, der Oberflächenspannung, stehen prinzipiell zwei verschiedene Methoden zur Verfügung:
1. ohne Hilfe fremder Grenzflächen und
2. mit Hilfe fremder Grenzflächen.

Zur ersten Art gehören die Methode der schwingenden Flüssigkeitsstrahlen, der schwingenden Tropfen und der Oberflächenwellen. Dagegen benützt man fremde Grenzflächen bei der Messung der Grenzflächenkrümmung, der Messung flacher Blasen und Tropfen, der Messung der kapillaren Steighöhe, nach der Ring-, Faden- oder Plattenabreißmethode, der Messung des Tropfengewichtes oder des Blasendrucks und der Messung der Tropfenzahl eines bestimmten Volumens.

Für die Praxis hat vor allem die Steighöhenmethode Bedeutung erlangt. Taucht man eine Kapillare in die Meßflüssigkeit, so ergibt sich die Oberflächenspannung σ nach der Formel:

$$\sigma = \frac{r \cdot h \cdot d \cdot g}{2} \text{ dyn/cm} ,$$

mit r dem Kapillarradius, h der Steighöhe, d der Dichte und g der Erdbeschleunigung. Für Wasser beträgt die Oberflächenspannung 73 dyn/cm. Bei Verwendung eines Abreißringes berechnet sich die Oberflächenspannung σ zu:

$$\sigma = \frac{m \cdot g}{4 \cdot \pi \cdot r} ,$$

mit m dem an einer Torsionswaage im Augenblick des Abreißens abgelesenen Gewicht, $m \cdot g$ also der ausgeübten Kraft und $4 \cdot \pi \cdot r$ dem doppelten Umfang des Abreißringes, weil die äußere und innere Grenzfläche des Ringes wirksam ist.

Mit dem *Stalagmometer nach Traube* bestimmt man die Anzahl der Tropfen in einem bestimmten Volumen und erhält im Vergleich zu Wasser:

$$\sigma = \frac{n_{H_2O} \cdot \rho \cdot \sigma_{H_2O}}{n \cdot \rho_{H_2O}} \text{ dyn/cm} ,$$

mit n_{H_2O} der Tropfenzahl des Wassers, n der Tropfenzahl der Meßflüssigkeit, ρ_{H_2O} der Dichte des Wassers, ρ der Dichte der Meßflüssigkeit und σ_{H_2O} der Oberflächenspannung des Wassers.

Ein anschauliches Beispiel für die Auswirkung von Änderungen der
Oberflächenspannung stellt der „*Kampfertanz*" dar. Trifft ein Stück
Kampfer auf eine Wasseroberfläche, so lösen sich Spuren und bilden
einen Kampferfilm um das Stück, wodurch die Oberflächenspannung
gegenüber dem entfernteren Wasser herabgesetzt wird. Während die
Kampferlösung mit der erniedrigten Oberflächenspannung sich ausbreiten möchte, will das kampferfreie Wasser mit der höheren Oberflächenspannung sich zusammenziehen. Durch die hierbei entstehenden Strömungen und Wirbel wird das Kampferstück in lebhafte Bewegung versetzt.

Außer der Grenzflächenspannung zwischen einer Flüssigkeit und
einem Gas kann noch die Grenzflächenspannung zwischen zwei nicht
mischbaren Flüssigkeiten mit Sicherheit gemessen werden. Zur Messung nach der Ringabreißmethode schichtet man die spezifisch leich-
tere Flüssigkeit über die schwerere, nachdem man vorher den Abreiß-
ring in die spezifisch schwerere Flüssigkeit getaucht hat. Ebenso kann
man zur Messung nach der Tropfenzählmethode das Stalagmometer
mit der spezifisch leichteren Flüssigkeit füllen und dieses in die
schwerere Flüssigkeit tauchen. Aus der nach oben umgebogenen
Spitze tropft nun ein bestimmtes Volumen wie Blasen nach oben, so
daß auch hier aus der Tropfenzahl die Grenzflächenspannung berechnet werden kann.

Eine direkte Messung der Größe einer Grenzfläche ist im Bereich
der kolloiden Dimensionen nicht möglich. So ist man auf relative
Methoden angewiesen. Setzt man voraus, daß eine Adsorption lücken-
los in monomolekularer Schicht erfolgt, so kann aus der Menge des
adsorbierten Stoffes und seiner Molekülgröße die Größe der Grenzfläche berechnet werden. Wenn z. B. 1 mg Methylenblau eine Fläche
von $1 m^2$ bedeckt, kann aus der von einer Grenzfläche adsorbierten
Menge die Größe der betreffenden Grenzfläche abgeschätzt werden.

2.5 Adsorption

Unter *Adsorption* versteht man allgemein die Veränderung der
Konzentration eines Stoffes an der Grenzfläche eines anderen Stof-
fes ohne Berücksichtigung der für diesen Vorgang erforderlichen
Energieart. Der sich an einer Grenzfläche anlagernde, adsorbierende
Stoff ist das *Adsorptiv*, während der Stoff, an dessen Grenzfläche
die Adsorption erfolgt, als *Adsorbens* bezeichnet wird. Das Adsor-
bens mit dem adsorbierten Stoff bildet dann das *Adsorbat*, und das
Dispersionsmittel, in dem der Adsorptionsvorgang erfolgt, ist das
Adsorptionsmedium.

Haftet das Adsorptiv nicht nur an der Grenzfläche, sondern dringt es tiefer in das Adsorbens ein, so spricht man allgemein von einer *Sorption.* Nur eine gleichmäßige Verteilung des Adsorptivs im Inneren des Adsorbens wird als *Absorption* bezeichnet wie z. B. die Anreicherung von Isotopen.

Eine echte Adsorption ist reversibel, wie sie z. B. in der chromatographischen Adsorptionsanalyse an Aluminiumoxid, Kieselgur oder an präparierten Papierstreifen erfolgt.

Erfolgt die Anlagerung des Adsorptivs dagegen als irreversibler Vorgang durch eine chemische Reaktion mit dem Adsorbens, so liegt eine *Chemosorption* vor. Vor allem bei Katalysatoren kann der Fall eintreten, daß primär ein Teil des Adsorptivs durch Chemosorption echt gebunden und erst sekundär der Überschuß reversibel adsorbiert wird.

Für die Adsorption ist hauptsächlich die freie Grenzflächenenergie, die Grenzflächenspannung, verantwortlich. Nach dem *Gibbsschen Adsorptionsgesetz*

$$ a = -f(c, T \ldots) \left(\frac{d\sigma}{dc} \right)_\omega , $$

mit a der adsorbierten Menge, c der Konzentration des Adsorptivs im Inneren des Adsorbens, T der absoluten Temperatur, σ der Grenzflächenspannung und ω der Grenzfläche erfolgt bei einer Erniedrigung der Grenzflächenspannung eine Konzentrationserhöhung des Adsorptivs in der Grenzfläche des Adsorbens, eine positive Adsorption, und bei einer Erhöhung der Grenzflächenspannung entsprechend eine Konzentrationserniedrigung, eine negative Adsorption. Bringt man z. B. zwei nicht mischbare Flüssigkeiten zusammen und dispergiert darin einen Stoff, so wird sich dieser als Adsorptiv in der Grenzfläche zwischen beiden Flüssigkeiten anreichern, wenn er die Grenzflächenspannung dabei erniedrigen kann, oder er wird aus der Grenzfläche verdrängt, wenn er die Grenzflächenspannung erhöht.

Allgemein kann man nach *Ostwald* sagen, daß eine Adsorption eintritt, wenn ein Energiepotential an einer Grenzfläche von einem dispergierten Stoff erniedrigt wird. Derartige Energiepotentiale können wie die Grenzflächenspannung mechanischer Art sein, aber auch chemischer, thermischer oder elektrischer Art. Besteht z. B. ein chemisches Potential zwischen Adsorbens und Adsorptiv, so erfolgt eine chemische Reaktion und das Reaktionsprodukt verbleibt in der Grenzfläche. Eine derartige Chemosorption tritt beim Eintauchen eines Silberbleches in Salzsäure unter Bildung von Silberchlorid ein. Die Adsorptionsschicht und ihr Aufbau hängt im wesentlichen von folgenden Variablen ab:

1. der Zustandsform des Adsorbens und des Adsorptivs (fest, flüssig, gasförmig),

2. der Größe der adsorbierenden Grenzfläche,
3. der Struktur der adsorbierenden Grenzfläche,
4. der geometrischen Form des Adsorbens,
5. der physikalischen Struktur des Adsorbens,
6. der Teilchengröße des Adsorptivs,
7. dem Verhältnis uer Menge des Adsorbens zu der des Adsorptivs,
8. der Konzentration des Adsorptivs,
9. der Art des Dispersionsmittels für das Adsorptiv (Flüssigkeit, Gas),
10. der chemischen Affinität zwischen Adsorbens und Adsorptiv,
11. der Temperatur und
12. dem Druck.

Als ausgesprochene Grenzflächenwirkung stellt die Adsorption einen Gleichgewichtszustand zwischen Adsorptiv und Grenzfläche dar. Damit steht die von der Grenzflächeneinheit aufgenommene Substanzmenge in einem bestimmten Verhältnis zur Konzentration der übrigen Lösung. Nach *Freundlich* gilt für das *Adsorptionsgleichgewicht*:

$$\frac{x}{m} = \beta \cdot c^{l/p} \ ,$$

mit x der im Gleichgewicht adsorbierten Menge, m dem Gewicht des Adsorbens und β und l/p den Konstanten.

Die graphische Darstellung dieser Gleichung ergibt die *Adsorptionsisotherme nach Freundlich*. Aus der logarithmischen Form der Gleichung erhält man eine Gerade, aus der die Konstanten β und p bestimmt werden können (Abb. 8). Experimentell streben die Werte x/m mit steigender Konzentration einem Grenzwert zu, bei dem die

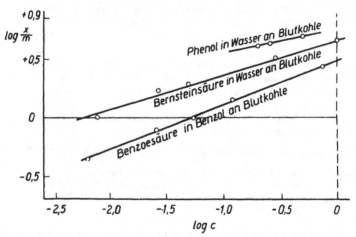

Abb. 8:   Logarithmische Adsorptionsisotherme nach *Freundlich*.

Grenzfläche gesättigt ist. Daher gilt die Gleichung nach *Freundlich* nur dann exakt, wenn die Konzentration vom Grenzwert der Sättigung genügend entfernt ist.

Die Darstellung der funktionellen Zusammenhänge zwischen der adsorbierten Menge und den Variablen geschieht durch Adsorptionsgleichungen, den thermischen und den energetischen Adsorptionsgleichungen. In ihrer allgemeinen Form gilt für die *thermische Adsorptionsgleichung*

$$a = f(T, c, p, V, m \ldots) \, ,$$

mit a der adsorbierten Menge, T der Temperatur, c der Konzentration des Adsorptivs, p dem Druck, V dem Volumen des Adsorptivs und m die Menge des Adsorbens. Je nach der als Variable gewählten Größe kann man so zwischen verschiedenen Adsorptionsisothermen unterscheiden. Dagegen stellt die *energetische Adsorptionsgleichung* die Abhängigkeit von den energetischen Bedingungen dar.

Zur Betrachtung der Adsorptionsvorgänge im einzelnen unterteilt man die Adsorption am zweckmäßigsten nach der Art der beteiligten Stoffsysteme in:
1. Adsorption an der Grenzfläche fester Körper/Gas,
2. Adsorption an der Grenzfläche Flüssigkeit/Gas,
3. Adsorption an der Grenzfläche Körper/Flüssigkeit,
4. Adsorption an der Grenzfläche Flüssigkeit/Flüssigkeit.
Bei der Adsorption von Gasen an festen Körpern erfolgt die Einstellung des reversiblen Adsorptionsgleichgewichts sehr schnell. Das Gleichgewicht wird von Temperatur und Druck festgelegt. Die Gasadsorption ist ein exothermer Vorgang mit einer großen Wärmetönung zu Beginn und einem steten Nachlassen im Verlauf der weiteren Adsorption. Die Adsorption von Gasen an Flüssigkeiten entspricht derjenigen an festen Körpern.

Die Adsorption aus Lösungen ist komplizierter, weil gleichzeitig mit der Adsorption von dispergierten Teilchen auch eine Adsorption des Dispersionsmittels, eine Lyosorption, erfolgen kann. Bei der Adsorption aus hochdispersen Lösungen muß man zwischen einer apolaren (homöopolaren) und einer polaren (heteropolaren) Adsorption unterscheiden. Unter einer *apolaren Adsorption* ist eine Adsorption zu verstehen, bei der die Moleküle des Adsorptivs ohne jede Trennung des Dispersionsmittels und der dispersen Teilchen in der Grenzfläche des Adsorbens angereichert werden. Dagegen erfolgt bei der *polaren Adsorption* die bevorzugte Adsorption eines Teils des Adsorptivs. Hierzu gehört auch der extreme Fall, in dem nur ein Bestandteil adsorbiert wird und der andere zurückbleibt, wie es bei den Elektrolyten oft geschieht. Da das gesamte System jedoch seine Elektroneutralität beibehalten möchte, muß an die Stelle des adsorbierten Ions ein anderes Ion treten, das entweder aus dem Adsorbens austritt oder durch sekundäre Reaktion in dem Dispersionsmittel entsteht.

Daher bezeichnet man die polare Adsorption oft als *Austausch-adsorption*. Ein derartiger Vorgang findet bei den Ionenaustauscher-harzen statt.

Die *apolare Adsorption* kann als einfacher Aggregationsvorgang aufgefaßt werden, da die Moleküle in der Adsorptionsschicht einfach angehäuft werden und eine Solvathülle darstellen, die aus Dispersions-mittel und dispersen Teilchen besteht. An Kohle, Kieselsäure, Cellu-lose u. a. ergeben Nichtelektrolyte, Alkohole, Aldehyde und eine Anzahl von Farbstoffen eine derartige apolare Adsorption.

Nach Ostwald erhält man in Abhängigkeit von der Art eines Systems jeweils charakteristische Adsorptionskurven, wenn man die Meßergebnisse graphisch so aufträgt, daß auf der Abzisse die Kon-zentration des Adsorptivs beim Gleichgewicht und auf der Ordinate die adsorbierte Menge steht. In Abb. 9 sind die Haupttypen der Adsorptionskurven als Konzentrationsisotherme dargestellt. Die Kurve 6 zeigt die allgemeine Form mit einem Maximum der positiven Adsorption und einem Maximum der negativen Adsorption. Dagegen beobachtet man bei hohen Konzentrationen nur eine negative Ad-sorption, wie die Kurve 7 zeigt, weil gleichzeitig das Dispersionsmit-tel mit adsorbiert wird.

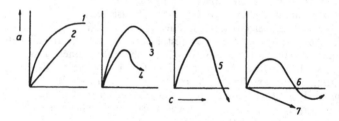

Abb. 9:   Die Haupttypen von Adsorptionskurven aus Lösungen nach *Ostwald*.

Bei der *polaren Adsorption* verläuft die Einstellung des Adsorp-tionsgleichgewichts oder des stationären Zustandes wesentlich lang-samer als bei einer apolaren Adsorption. Sonst gleichen sich die Iso-thermen beider Arten der Adsorption weitgehend. Nur sind sie oft stärker gekrümmt und verlaufen bei höheren Konzentrationen des Adsorptivs horizontal. Im Gegensatz zur apolaren Adsorption erfolgt die Aufnahme von Ionen durch das Adsorbens meist irreversibel, wobei die *lyotrope Reihe von Hofmeister* gilt:

$$SO_4 < F < NO_2 < Cl < Br < J < CNS \ldots OH \text{ und}$$
$$Li < Na < K < Mg < Ca < Sr < Ba < Al \ldots H \, .$$

Hat man z. B. Quarzteilchen mit einer Lösung von Aluminiumchlo-rid zusammengebracht und wäscht mit Wasser, so bleiben die Aluminiumionen an der Quarzoberfläche haften und werden nicht eluiert. Erst durch Waschen mit Salzsäure oder Alkalichloridlösung werden die Aluminiumionen gegen Wasserstoff- oder Alkaliionen ausgetauscht und somit durch Austauschadsorption eluiert.

Für die Adsorption von lyophoben Kolloiden aus der Lösung gelten hauptsächlich die gleichen Bedingungen, die für das Haften der grobdispersen Teilchen an Wänden gelten. Auch hier spielt die elektrische Ladung, die Dicke der Lyosphäre und schließlich die thermische Bewegung der Kolloidteilchen die wichtigste Rolle. Hauptsächlich kommt es hier auf die Neutralisation von elektrischen Ladungen an, denn negative Adsorbenzien bevorzugen bei der Adsorption die positiv geladenen Kolloidteilchen und umgekehrt. Hinzu kommen noch die amphoteren Adsorbenzien wie Kohle mit ihrer Adsorptionsfähigkeit für positiv und negativ geladene Kolloidteilchen.

Die Adsorption an der Grenzfläche flüssig/flüssig ist mit der Adsorption fest/gasförmig und fest/flüssig zu vergleichen. Auch hier gilt die *Gibbssche Regel* für die Beziehung zwischen Adsorption und Grenzflächenspannung. Nur bildet die Adsorptionsschicht gewissermaßen eine doppelte, nach zwei Seiten hin diffuse Solvatschicht aus.

Stellt man sich ein System vor, das aus zwei miteinander nicht mischbaren Flüssigkeiten besteht, die je einen gelösten Stoff enthalten, der in der anderen Flüssigkeit unlöslich ist, so bildet sich an der Grenzfläche eine *asymmetrische Adsorptionsschicht* aus, die auf der einen Seite überwiegend aus dem in der einen Lösung vorhandenen Stoff und auf der anderen Seite überwiegend aus dem in der anderen Lösung vorhandenen Stoff besteht. Nur wenn eine Lösung mit einer reinen Flüssigkeit in Berührung steht, gleicht der Vorgang der Adsorption derjenigen an der Grenzfläche fest/flüssig oder flüssig/gasförmig.

Nach der von *Hardy* aufgestellten Regel erfolgt die Zustandsänderung an der Grenzfläche immer so, daß der Übergang zur angrenzenden Phase möglichst allmählich verläuft. An der Grenzfläche einer organischen Flüssigkeit gegen Wasser lagern sich die organischen Radikale stets nach der organischen Flüssigkeit hin, während die hydrophilen Gruppen wie − COOH und − OH sich stets nach dem Wasser ausrichten. Das ist eine *orientierte Adsorption.*

Für die Orientierung der Moleküle in den Grenzschichten sind hauptsächlich die Dipoleigenschaften des Adsorptivs und die dielektrischen Eigenschaften der angrenzenden Phasen verantwortlich. Je asymmetrischer ein Molekül und je größer der Unterschied in den physikalischen und chemischen Eigenschaften der beiden Phasen ist, an deren Grenzfläche die Adsorption stattfindet, desto ausgeprägter wird auch der Orientierungseffekt sein.

In Abb. 10 ist die Orientierung von Fettsäuremolekülen an der Grenzfläche Wasser/Luft im nicht komprimierten Zustand dargestellt. Durch die thermische Bewegung dieser Moleküle wird nun die Ober-

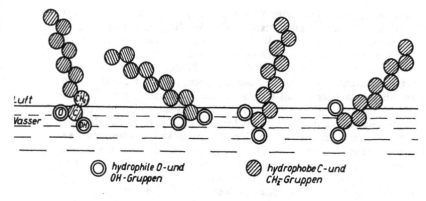

bb. 10: Orientierung der Fettsäuremoleküle an der Grenzfläche Wasser/Luft.

flächenspannung der Flüssigkeit herabgesetzt und das Bestreben des Films, sich auf der Oberfläche auszubreiten, gefördert. Mit der *Langmuir*-Waage kann das Expansionsbestreben von Oberflächenfilmen direkt gemessen werden. Durch Komprimieren der Filme erhält man so vollständige Zustandsdiagramme von Adsorptionsschichten.

Ebenso wie die Adsorptionserscheinungen an Kolloiden Systemen können auch die elektrischen Eigenschaften der Teilchen kolloider Lösungen rein physikalisch als auch chemisch gedeutet werden. Die physikalische Deutung geht von der Doppelschichttheorie aus, indem die physikalischen Eigenschaften der groben Teilchen auf die Kolloide übertragen werden. Dagegen geht die chemische Deutung von der Dissoziationstheorie der Elektrolyte aus und betrachtet die kolloiden Teilchen ebenfalls als Elektrolyte oder Nichtelektrolyte. Hier wird die Mittelstellung der Kolloide zwischen den grobdispersen und den hochdispersen Teilchen besonders sichtbar, wenn man die für benachbarte Gebiete geltenden Gesetzmäßigkeiten mit entsprechenden Einschränkungen auf die Kolloide überträgt.

Nach der von *Helmholtz* entwickelten Theorie bildet sich an der Grenzfläche einer Phase, die mit einer Flüssigkeit in Berührung steht, eine *elektrische Doppelschicht* aus. Hierbei ist die der Flüssigkeit zugewendete Schicht beweglich, während die übrige Schicht fest an der Wand der anderen Phase haftet. Betrachtet man die elektrische Doppelschicht als eine Art Kondensator, dann besteht zwischen dessen *elektrokinetischem Potential* ζ und der *elektrophoretischen Wanderungsgeschwindigkeit u* die Beziehung:

$$\zeta = \frac{4 \cdot \pi \cdot \eta \cdot u}{H \cdot \epsilon},$$

mit η der Viskosität der Flüssigkeit, H dem Potentialabfall der angelegten elektromotorischen Kraft und ϵ der Dielektrizitätskonstanten der Flüssigkeit. Dieses ζ-Potential wird von Elektrolytmengen stark beeinflußt und kann sogar in seinem Vorzeichen geändert werden. Vor allem bei der Zugabe von mehrwertigen Elektrolyten, z. B. Aluminiumchlorid, bleibt die Änderung der Doppelschicht nicht im isoelektrischen Punkt stehen, sondern es bildet sich durch Umladung eine neue Doppelschicht aus. Haben bisher die positiven Aluminiumionen die äußere Schicht und die negativen Chlorionen die innere Schicht an der Oberfläche von suspendierten Teilchen gebildet, so haben jetzt die Aluminiumionen die innere Schicht und die Chlorionen die äußere Schicht ausgebildet.

2.6 Herstellung kolloider Systeme

Kolloiddisperse Systeme entstehen ausschließlich durch Zustandsänderungen, d.h. durch Zerkleinern grobdisperser Systeme oder durch Wachstum der Teilchen hochdisperser Systeme. Auf dem Gebiet der Kolloidchemie unterscheiden wir zwischen radikalen und inneren Zustandsänderungen. Eine *radikale Zustandsänderung* führt zu einer Entstehung oder Vernichtung des kolloiden Zustandes, während bei den *inneren Zustandsänderungen* sich nur der Dispersitätsgrad und die räumliche Verteilung der dispersen Teilchen ändert, jedoch der kolloide Zustand erhalten bleibt.

Um einen Stoff in den kolloiden Zustand zu überführen gilt eine möglichst geringe Löslichkeit dieses Stoffes in dem Dispersionsmittel als wichtigste Voraussetzung. Als zweite Voraussetzung muß die Konzentration eines anwesenden Elektrolyten unterhalb des Schwellenwertes der Flockenbildung liegen, damit die Primärteilchen nicht sekundär zu Aggregaten zusammentreten und eine Ausfällung verursachen. Bestimmte Ionen müssen jedoch in geringer Konzentration vorhanden sein.

Entsteht unter diesen Bedingungen aus einem einphasigen System durch eine chemische oder physikalische Reaktion ein disperses System, so spricht man von einer *Kondensationsreaktion*, weil der disperse Anteil durch Kondensation der Moleküle zu Kristallen entsteht. So wird aus einer übersättigten Lösung durch Unterkühlung, elektrische Entladung oder durch fremde Teilchen unter günstigen Bedingungen ein kolloides System ausgebildet, ein Lyosol. Entsprechend entsteht aus einem übersättigten Dampf ein Aerosol.

Grundsätzlich muß jedes System, das sich in einer homogenen Phase bildet, den kolloiden Zustand durchlaufen. Bei der Kristallisation einer übersättigten Salzlösung vereinigen sich zunächst die Ionen des Salzes zu Kristallkeimen von amikroskopischer Größe mit einer charakteristischen *Keimbildungsgeschwindigkeit*. Anschließend wachsen die Keime und bilden schließlich Kristalle von unterschiedlicher Größe mit einer charakteristischen Kristallisationsgeschwindigkeit. Je größer die Keimbildungsgeschwindigkeit und je geringer die Kristallisationsgeschwindigkeit ist, desto kleinere Teilchen entstehen in dem dispersen System.

Nach dem *von Weimarnschen Gesetz* nimmt der Dispersitätsgrad eines aus übersättigter Lösung entstehenden dispersen Systems mit steigender Übersättigung der Lösung zunächst bis zu einem Minimum ab, um anschließend mit der weiteren Zunahme der Übersättigung wieder zuzunehmen. Demnach entstehen die gröbsten Dispersionen bei den mittleren Übersättigungen, also bei den in der analytischen Chemie üblichen Konzentrationen. Bei niederen und höheren Übersättigungen nähert man sich den kolloiden Dimensionen.

Eine Möglichkeit der Kondensation unter den genannten Bedingungen bietet die *Hydrolyse* zur Herstellung von Hydrosolen. Hierbei hat man zwischen den *echten Hydrolysen*, bei denen das Wasser eine Reaktionskomponente darstellt, und den *unechten Hydrolysen*, bei denen das Wasser nur durch seine Gegenwart zersetzend wirkt, zu unterscheiden. Ebenso kann die Löslichkeit eines gelösten Stoffes durch eine organische Flüssigkeit herabgesetzt werden, wodurch Organosole entstehen.

Gießt man die Lösung eines in Wasser praktisch unlöslichen Stoffes unter starkem Rühren in Wasser, so entsteht ein Hydrosol. Die einzige Voraussetzung hierzu ist die Mischbarkeit des Lösungsmittels mit Wasser. Bei dieser *unechten Hydrolyse* entsteht z.B. ein Mastixsol durch Einrühren einer gut filtrierten alkoholischen Mastixlösung in destilliertes Wasser, oder ein Schwefelhydrosol aus einer Schwefel-Aceton-Lösung. Beide Hydrosole zeigen kurz nach der Herstellung ein schwach milchiges Aussehen von gelbroter Farbe in der Durchsicht und blauer Farbe in der Aufsicht. Trotzdem unterscheiden sie sich in der Haltbarkeit. Das Mastixsol ist äußerst beständig, weil Mastix nicht kristallisieren und damit keine *Ostwald*-Reifung eintreten kann. Das Schwefelsol dagegen trübt sich mit der Zeit immer stärker, bis der Schwefel als grober Niederschlag ausfällt.

Bei der *echten Hydrolyse* entstehen Hydrosole, wenn das eine Hydrolyseprodukt praktisch in Wasser unlöslich ist, während das andere Hydrolyseprodukt sich aus dem Wasser entfernen läßt. So entsteht aus Siliziumsulfid mit viel Wasser ein klares Kieselsäurehydrosol, wenn man den sich bildenden Schwefelwasserstoff durch Erwärmen entfernt. Aus den hydrolytisch gespaltenen Metallacetaten kann durch Dialyse die entstehende Essigsäure entfernt werden, so daß im Dialysator das Metalloxidhydrosol zurückbleibt. Auf diese Weise entsteht z.B. das Aluminiumoxid-, Eisen(III)oxid- und Chromoxidhydrosol aus den entsprechenden Acetaten oder Nitraten. Diese Sole sind hydrophil mit einer positiven Ladung des dispersen Anteils infolge der Anwesenheit von restlichen Metallkationen und restlichen Säureanionen als Gegenionen. Wird jedoch bei der Dialyse zuviel von dem Elektrolyt enfernt, so koaguliert der disperse Anteil. Dieses Verhalten beweist die wichtige Rolle der Elektrolyte für die Erhaltung des Solzustandes.

Durch Ionenreaktionen wird die Hydrolyse gefördert. Nach der von *v. Weimarn* gewonnenen Erkenntnis kann jeder praktisch unlösliche Stoff als Sol, als Mikrokristalle, Makrokristalle und als Gallerte hergestellt werden. Damit hängt die Entstehungsform ausschließlich von der Konzentration der verwendeten Salzlösungen ab. In hoher Konzentration scheidet sich z.B. Bariumsulfat als Gallerte ab, während es aus den analytisch verwendeten Konzentrationen in fein kristalliner Form ausfällt. Analog geht man zur Darstellung der Hydrosole von Kieselsäure, Titansäure, Zinnsäure, Wolframsäure oder Molybdänsäure von den Natriumsalzlösungen aus und fügt entweder eine ungenügende Menge Salzsäure hinzu, oder man zersetzt die Salze mit überschüssiger Salzsäure. Nur bei dem Zusammentreffen äquivalenter Mengen Salz und Säure fällt eine Gallerte aus.

Unter starkem Rühren lassen sich die Salze von Eisen, Aluminium, Thorium, Zirkonium und Zinn tropfenweise mit Alkalilösung zersetzen, ohne daß ein bleibender Niederschlag ausfällt, bis bei einer bestimmten zugesetzten Menge die bleibende Fällung einsetzt. Dieser Punkt zeigt das Überschreiten des kolloiden Zustandes an. Er hängt von der Konzentration der vorgelegten Salzlösung ab und verschiebt sich mit steigender Salzkonzentration zu geringeren Alkalimengen.

Ebenso lassen sich sämtliche schwer löslichen Metallsulfide durch Ionenreaktionen als Hydrosole herstellen. Hierbei übt der Schwefelwasserstoff mit seiner geringen Sulfidionenkonzentration sogar eine stark solerhaltende Wirkung aus. Da auch hier alle Elektrolyte unter dem Schwellenwert ihrer ausfällenden Wirkung bleiben müssen, dürfen keine starken Säuren entstehen. Aus diesem Grund gelangt man hier nur in sehr verdünnten Lösungen zu einem Hydrosol, z.B. durch Einleiten von Schwefelwasserstoff in eine Kupfersulfatlösung, denn die entstehenden dispersen Teilchen von Kupfersulfid erhalten eine negative Ladung durch das Schwefelanion

$$(xCuS)S^- + 2H^+$$

und sind sehr empfindlich gegen Wasserstoffionen. Daher eignen sich die Metalloxide besser für die Reaktion mit Schwefelwasserstoff, weil hier nur Sulfid und Wasser entsteht.

Die Chloride, Nitrate oder Sulfate der meisten Metalle lassen bei der Reaktion mit Schwefelwasserstoff so starke Säuren entstehen, daß sofort eine Elektrolytfällung eintritt. Nur die schwach dissoziierenden Salze, Kupferglykokoll, Quecksilbercyanid oder Kupferacetessigester erlauben mit Schwefelwasserstoff die Herstellung von Metallsulfidsolen.

Bei Anwesenheit von *Schutzkolloiden* erfolgen grundsätzlich die gleichen Reaktionen, nur können wesentlich höhere Konzentrationen hergestellt werden. Als Schutzkolloide dienen vorwiegend Gelatine, lösliche Harze, Eiweiße und deren Abbauprodukte. Sie sind stets hydrophil und schützen infolge ihrer Beständigkeit gegen Ionen auch die ionenempfindlichen hydrophoben Kolloide. Als Beispiel läßt sich ein kolloides Silberjodid herstellen durch Mischen einer Lösung von Silbernitrat in Lanolin mit Kaliumjodid in Lanolin. Hierbei entsteht ein grünliches Lanolinsol des Silberjodids.

Um durch eine chemische Reaktion Elemente aus ihren Salzen als Kolloide herzustellen, ist eine Reduktion oder Oxidation erforderlich. Ohne Schutzkolloid können nur solche Metalle als Hydrosole gewonnen werden, die auch im kolloiddispersen Zustand das Wasser nicht zersetzen. Durch Reduktion einer Silbernitratlösung mit alkalischem Natriumeisen(II)-citrat entsteht ein violett gefärbter Niederschlag, der nach weitgehender Reinigung vom Elektrolyt ein blutrotes Silberhydrosol ergibt.

Wie das kolloide Silber können auch die Goldhydrosole mit roter, violetter, blauer oder grüner Farbe auftreten in Abhängigkeit von der Konzentration, der Art des Reduktionsmittels und der anwesenden Verunreinigungen. Hierbei gilt die von *Ostwald* aufgestellte Farbe-Dispersitätsgrad-Regel, nach der das Absorptionsmaximum des Lichts sich mit abnehmender Teilchengröße nach den größeren Wellenlängen des Lichts verschiebt. Im durchfallenden Licht verschiebt sich demnach die Farbe von gelb über rot, violett blau nach grün. Im auffallenden Licht nimmt die Opalescenz zu.

Die Hydrosole des Schwefels sind bekannt als *Wackenroder*sche Flüssigkeit, die durch Einleiten von Schwefelwasserstoff in stark verdünnte schweflige Säure entsteht. Hier ist der Schwefel hydrophil und wird durch die gleichzeitig entstehenden Polythionsäuren stabilisiert. Durch Eingießen einer Schwefel-Aceton-Lösung in Wasser bildet sich dagegen ein restlos hydrophobes Schwefelhydrosol.

Da die Art des Reduktionsmittels keinen wesentlichen Einfluß auf die Entstehung von Kolloiden ausübt, kann auch die Elektrolyse von Metallsalzen an der Katode zur Entstehung von Metallhydrosolen herangezogen werden. In der Praxis bilden sich jedoch meistens die Oxide der Metalle. Echte Metallhydrosole oder -organosole entstehen mit Sicherheit durch stille elektrische Entladung in Wasserstoffatmosphäre aus den Metallsalzen. Nach dem Verdampfen von Metallen unter Luftausschluß und Einleiten des Dampfes in ein Dispersionsmittel zur Kondensation können ebenfalls Metallsole hergestellt werden, z.B. ein sehr beständiges Natriumsol in Äther oder Xylol.

In Anwesenheit von reversibel löslichen *Schutzkolloiden* entstehen praktisch die gleichen Metallkolloide wie ohne Schutzkolloid, nur können höhere Konzentrationen erreicht und eine reversibel lösliche Form dargestellt werden. So üben die Eiweiße eine schützende Wirkung bei der Reduktion von Silber aus. In der Wärme reduziert das Natriumsalz der Protalbinsäure des Silberoxidol zu Silbersol. Nach der Dialyse kann dieses braune Sol im Vakuum eingedunstet oder mit Alkohol ausgefällt werden als festes, reversibles Silbersol.

In dem *Cassius*schen Goldpurpur wirkt die Zinnsäure als anorganisches, lyophiles Schutzkolloid für das kolloiddisperse Gold. Die Herstellung erfolgt durch Reduktion eines löslichen Goldsalzes mit Zinnchorid. Der entstehende rotviolette Niederschlag wird nach dem Auswaschen mit verdünnter Natronlauge oder Ammoniak zu einem purpurroten Hydrosol peptisiert. Auf die gleiche Art entstehen auch die Purpure des Silbers, Platins und Quecksilbers mit Hilfe von Zinnnitrat.

Bei der *Dispergierung* entstehen kolloide Systeme in einem flüssigen Dispersionsmittel durch Zerteilung grobdisperser Anteile und anschließender Verteilung (*Suspension*) in dem Dispersionsmittel. Infolge der großen Zahl von Dispergierungsmethoden erfaßt man die folgenden Hauptklassen nach dem primär eintretenden Vorgang:
1. Zerteilung grober Stücke ohne Verteilung in einem Dispersionsmittel, z.B. Mahlen im trockenen Zustand.
2. Verteilung vorhandener Teilchen in einem Dispersionsmittel, z.B. Suspendieren eines Pulvers in einem Dispersionsmittel.
3. Zerteilung und Verteilung von Stücken in einem Dispersionsmittel, z.B. Naßmahlen, Emulgieren.
4. Übergangsvorgänge zwischen Zerteilung und Verteilung treten bei der Dispergierung auf, wenn die bereits vorgebildeten Teilchen durch Anziehungskräfte zu Aggregaten zusammengehalten werden, z.B. Peptisation von Gelen.
5. Kombinierte Dispergierungsvorgänge. Eine Anzahl von Dispergierungsmethoden führt von grobdispersen Systemen zunächst zu hoch dispersen Systemen, die erst durch eine sich anschließende Kondensation den kolloiddispersen Zustand ergeben. So werden Metalle durch Elektrodenzerstäubung verdampft und anschließend in dem Dispersionsmittel kondensiert. Beide Vorgänge sind nicht voneinander zutrennen.

Erfolgt die Dispergierung unter Zugabe eines dritten Stoffes, eines Peptisators, so spricht man von einer *Peptisation*. Die Peptisatoren haben als aufladend wirkende Elektrolyte die Aufgabe, das elektrokinetische Potential zu erhöhen und damit das Sol zu stabilisieren. Eine andere Möglichkeit der Stabilisierung besteht in der Zugabe von hydrophilen Nichtelektrolyten als Schutzkolloid.
Zur mechanischen Zerteilung in Gegenwart eines Dispersionsmittels und eines Peptisators werden *Kolloidmühlen* eingesetzt, in denen der zu dispergierende Stoff durch intensive Scherkräfte zerrissen wird. Auf die gleiche Weise lassen sich auch nicht mit Wasser mischbare Flüssigkeiten dispergieren.
Die Zerteilung und anschließende Verteilung eines Flüssigkeit in einer anderen Flüssigkeit, die *Emulgierung*, stellt damit einen anderen Fall der mechanischen Dispergierung dar. Auch wird zur Stabilisierung

ein Peptisator, hier *Emulgator* genannt, zugesetzt, damit konzentrierte und haltbare *Emulsionen* entstehen. Ein Emulgator muß an der Grenzfläche zwischen beiden Flüssigkeiten so adsorbiert werden, daß er eine zusammenhängende Schicht bildet. Meistens dienen hierzu Seifen- oder Eiweißlösungen infolge ihrer polaren Adsorption in der Grenzfläche.

Wasser kann als Dispersionsmittel wie als disperser Anteil auftreten. In den Öl-in-Wasser-Emulsionen bildet Wasser das zusammenhängende Dispersionsmittel, während in den Wasser-in-Öl-Emulsionen das Wasser den dispersen Anteil darstellt. Diese Eigenschaft wird in der Ölindustrie ausgenützt. Eine weitere bekannte Emulsion ist die Milch, in der Fette als lyophobe Kügelchen und Eiweiße als lyophile Teilchen enthalten sind. Im Latex, der aus den Heveaarten gewonnenen Kautschukmilch, sind halbflüssige, eiförmige Kautschuktröpfchen in einer schwach sauren wässrigen Lösung enthalten.

Schließlich soll noch auf eine moderne Methode der Emulgierung hingewiesen werden, die es gestattet, durch Einschluß von Flüssigkeiten in winzige Kapseln z.B. brennbare Flüssigkeiten, Farbstofflösungen und Parfüms in eine Trockenmasse zu verwandeln. Diese Trockenmasse kann gefahrlos transportiert und aufbewahrt werden. Erst bei Gebrauch werden diese Kapseln zerquetscht und die betreffende Flüssigkeit freigesetzt. Auf diesem Prinzip beruht auch die Trockenphotographie.

In den Emulsionen nimmt der disperse Anteil in den meisten Fällen eine negative Ladung gegenüber dem Dispersionsmittel an. Wenn für technische Anwendungen jedoch eine positive Ladung erforderlich ist, kann die Emulsion durch Zugabe von Salzen dreiwertiger Kationen z.B. Aluminiumsalzen, elektrisch umgeladen werden.

Bei der Herstellung von *Gasdispersionen* erzielt man die besten Ergebnisse, wenn in dem Dispersionsmittel ein Schutzkolloid und ein oberflächenaktiver Stoff anwesend ist. Allerdings kann jeweils nur eine bestimmte maximale Gasmenge dispergiert werden, damit eine gewisse Packungsdichte der Gasbläschen nicht überschritten wird. Die praktische Bedeutung der Gasdispersion liegt in der besonderen Reaktionsfähigkeit der enthaltenen Gase infolge ihrer feinen Verteilung und ihrer großen Oberfläche. Daher werden Wasserstoffhydrosole für technische Hydrierungen und Sauerstoffhydrosole zur Oxydation von Ölen und Paraffin eingesetzt.

Die grobdispersen Systeme mit Luft oder einem Gas als dispersen Anteil und einer Flüssigkeit als Dispersionsmittel bezeichnet man als *Schäume*. Durch Zugabe von grenzflächenaktiven Stoffen wird die Entstehung eines Schaumes erleichtert und seine Stabilität verbessert. Mit steigender Menge an grenzflächenaktivem Stoff erhöht sich die Schaumbildung bis zu einem Maximum, um bei dem Überschreiten wieder abzunehmen. Dieses Maximum liegt bei einer bestimmten Grenzflächenspannung des Dispersionsmittels gegen Luft.

Zur Messung der *Schaumbeständigkeit* stehen zwei Methoden zur Verfügung. Man kann die Änderung der Schaumhöhe über der Flüssig keit mit der Zeit verfolgen, oder man bläst die Luft durch eine Kapillare in die Flüssigkeit und bestimmt die entstehende Schaumhöhe mit der Zeit. Die Schaumhöhe steigt linear mit der Zeit an bis zu einer konstanten Höhe. Dann entstehen und zerfallen gleich viel Blasen. Einen Zahlenwert für die Schaumbeständigkeit erhält man, indem man sowohl an den linearen Teil der Schaumhöhe-Zeitkurve als auch an den konstanten Teil die Tangente anlegt und den Schnittpunkt beider Tangenten auf die Zeitachse projiziert. Dieser Zahlenwert ist eine echte Konstante, da sie unabhängig von den gewählten Bedingungen ist.

Wie alle Lösungsvorgänge ist auch die *Peptisation* charakterisiert durch:
1. die Lösungsintensität, die Beständigkeit gegenüber koagulierenden Einflüssen,
2. die Lösungskapazität, die höchste erreichbare Konzentration und
3. die Lösungsdispersität, die Größenverteilung der dispersen Teilchen.
Während die Menge des Bodenkörpers auf die Löslichkeit hochdisperser Systeme praktisch keinen Einfluß ausübt, besteht bei den kolloiden Dispergierungsvorgängen eine grundsätzliche Abhängigkeit von der Menge des Bodenkörpers. So steigt nach der von *Ostwald* und *Buzágh* aufgestellten *Bodenkörperregel* die Peptisierbarkeit, die kolloide Löslichkeit, entweder stetig mit der Bodenkörpermenge, oder sie ergibt ein Maximum bei einer mittleren Bodenkörpermenge. Diese Abhängigkeit ist bedingt durch die unterschiedlichen Faktoren, von denen ein kolloides System überwiegend beherrscht wird.

Es ist bereits erwähnt worden, daß *Schutzkolloide* die Stabilität kolloider Lösungen erhöhen und vielfach die Herstellung erst ermöglichen, indem sie die Elektrolytempfindlichkeit der lyophoben Kolloide herabsetzen.

Mischt man zwei Sole mit gleichsinnig geladenen Teilchen, so addieren sich deren Eigenschaften ohne jede gegenseitige Beeinflussung. Auf diese Weise ist auch eine Koagulation unmöglich. Mischt man jedoch ein Sol mit elektrolytbeständigen lyophilen Teilchen mit einem Sol, das elektrolytempfindliche, lyophobe Teilchen enthält, so übernimmt die Mischung beider Sole vollständig die Eigenschaften der lyophilen Teilchen. Damit erfolgt eine Schutzwirkung für die lyophoben Teilchen durch die lyophilen Teilchen.

Von *Zsigmondy* ist zur zahlenmäßigen Erfassung der Schutzwirkung die *Goldzahl* eingeführt worden. Sie gibt an, wieviel Milligramm eines Schutzkolloids nicht mehr genügen, um den Farbumschlag von 10 ml hochroter kolloider Goldlösung nach violett zu verhindern, wie er ohne Schutzkolloid bei Zugabe von 1 ml 10%iger Natriumchloridlösung eintritt. Mit Hilfe dieser Goldzahl hat Lottermoser eine Anzahl von Schutzkolloiden geprüft und als Ergebnis die folgende Tabelle 5 zusammengestellt.

Tab. 5: Die Schutzwirkung (Goldzahl) von lyophilen Kolloiden

Kolloid	Goldzahl	Klasse des Schutzkolloids
Gelatine, Leim	0,005–0,01	
Hausenblase	0,01 –0,02	I
Casein	0,01	
Gummi arabicum	0,25 –0,4	
Natriumoleat	0,4 –1,0	II
Traganth	etwa 2	
Dextrin	6–20	
Kartoffelstärke	etwa 25	III
Koll. Kieselsäure	∞	
Quittenkernschleim	∞	IV

Oft ist in der Praxis die Kenntnis der Stabilität eines Sols gegen bestimmte Zusätze erwünscht. Die Stabilität gegen Elektrolytflockung z.B. kann man prüfen, indem man zu je 5 ml des zu untersuchenden Sols 10 ml 1 bis 10%ige Kaliumchloridlösung zusetzt, mischt und 24 Stunden stehen läßt. Dann zeigt die eine Lösung eine Entmischung als Grenze der Stabilität gegen Elektrolytflockung an, während die nächst höhere Konzentration bereits eine Ausflockung ergibt. Im Prinzip auf die gleiche Art wird auch die für pharmazeutische Präparate wichtige Stabilität gegen Serum geprüft.

Nimmt ein fester Körper Lösungsmittel in sich auf und wird unter Volumenvergrößerung solvatisiert, so spricht man von *Quellung*. Wenn man allgemein die Trennung der Bausteine von Aggregaten als Dispersionsvorgang bezeichnet, so stellt die Quellung ebenfalls eine Dispergierung dar, weil durch das Eindringen der Flüssigkeit in das Innere des quellenden Körpers der Abstand zwischen den Bausteinen vergrößert wird.

Die von dem quellenden Körper aufnehmbare Flüssigkeitsmenge kann begrenzt sein oder unbegrenzt bis zum Lösungszustand erfolgen. Entsprechend unterscheidet man zwischen begrenzter und unbegrenzter Quellung. Eine *begrenzte Quellung* mit einem Quellungsmaximum zeigt Agar-Agar, Fibrin, Gelatine in kaltem Wasser und Kautschuk in organischen Flüssigkeiten (Abb. 11).

Der Endzustand eines begrenzt gequollenen Körpers ist das Lyogel. Bei der *unbegrenzten Quellung* bildet das Lyogel nur einen Übergangszustand, denn der zunächst gequollene Körper geht durch spontane Peptisation in eine kolloide Lösung über.

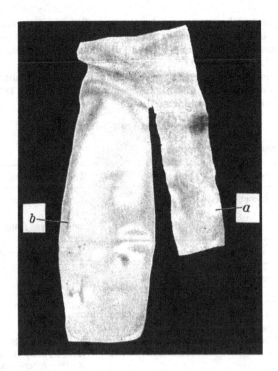

Abb. 11: Die begrenzte Quellung von kalt vulkanisiertem Naturkautschuk in Toluol.
Schenkel *a* ungequollen, Schenkel *b* gequollen.

Durch Messung des Volumens von der Quellung $V1$ und nach der Quellung $V2$ erhält man das *spezifische Quellungsvolumen Vsp*:

$$V_{sp} = \frac{V_2}{V_1}$$

Auf diese Weise läßt sich auch die *Quellungsgeschwindigkeit* oder bei konstantem Volumen der *Quellungsdruck*, das *Porenvolumen* nicht quellbarer Stoffe und die *Benetzbarkeit* von Pulver prüfen.

Alle Quellungserscheinungen sind durch mehrere miteinander koordinierte Faktoren verursacht, von denen jeweils ein Teilvorgang überwiegt. Zu den wichtigsten Variablen, von denen die Quellung beeinflußt wird, gehören die Art der Quellungsflüssigkeit, die Art und Konzentration der in der Quellungsflüssigkeit gelösten Stoffe, der Dispersitätsgrad des quellenden Körpers, die relative Menge des quellenden Körpers und die Temperatur. So steht nach *Ostwald* die Quellung in enger Beziehung zu den dielektrischen Eigenschaften der Quellungsflüssigkeit, während anwesende Ionen die Quellung sehr unterschiedlich beeinflussen können. Im allgemeinen wird die Quellung durch die folgende Ionenreihe

$$Cl < NO_3 < ClO_3 < CNS$$

bis zur Peptisation gefördert, wogegen andere Ionen eine Quellung vermindern. In der Tabelle 6 sind die Entstehungsmöglichkeiten kolloider Systeme nochmals zusammengestellt.

Tab. 6: Die Entstehung kolloiddisperser Systeme

A. Durch Kondensation (Aggregation)

Ausgangssystem	Verfahren	kolloides System
hochdisperse Lösungen	Kristallisation Assoziation	Lyosol, Kryosol, Lyogel
Schmelze	Kristallisation Assoziation	isokolloides festes Sol, Pyrosol
Gas, Dampf	Kondensation	Aerosole: Rauch, Nebel

B. Durch Dispergierung

Ausgangsstoff	Verfahren	kolloides System
Lyogel, Xerogel	Peptisation	Lyosol
feste (kristallisierte) Körper	mechanische, elektrische, thermische Zerteilung	in Flüssigkeit: Suspension, Lyosol; in Gas: Rauch; in festen Körpern: kolloide Mischung (festes Sol)
Flüssigkeit	mechanische, elektrische, thermische Zerteilung	in Flüssigkeit: Emulsion in Gas: Nebel
Gas	mechanische, elektrische, thermische Zerteilung	in Flüssigkeit: Schaum

2.7 Die Vernichtung kolloiddisperser Systeme

Grundsätzlich können die Kolloide durch zwei unterschiedliche Maßnahmen vernichtet werden:
1. Durch Koagulation, eine Vergrößerung der Teilchen bis zu grobdispersen oder nicht mehr als dispers zu bezeichnenden Systemen.
2. Durch Dissolution, eine Verkleinerung der Teilchen bis zu hochdispersen Systemen.

Als *Koagulation* bezeichnet man allgemein die Vereinigung zusammenhangloser Teilchen zu zusammenhängenden Aggregaten. Diese Koagulation kann kontinuierlich durch langsame Vergrößerung der

Teilchen erfolgen oder durch unmittelbare Vereinigung der Teilchen unter Aufhebung des Solzustandes.

Die kontinuierliche Vergrößerung der Teilchen, die Abnahme des Dispersitätsgrades, erfolgt bei der *Umkristallisation.* Infolge der größeren Löslichkeit der kleinsten Teilchen gegenüber den großen Teilchen können die kleinsten Teilchen sich auflösen, auf den großen unlöslichen Teilchen sich niederschlagen und so deren Wachstum bewirken. Daher können polydisperse Systeme keine Gleichgewichtssysteme sein, denn in jedem polydispersen System lösen sich die kleinen Teilchen in der Reihenfolge ihrer Größe auf und tragen zum Wachstum der großen Teilchen bei. In Abhängigkeit von der Löslichkeit und Ordnungsgeschwindigkeit der Teilchen verläuft dieser Vorgang mit unterschiedlicher Geschwindigkeit. Verhindert werden kann die Umkristallisation nur durch Zugabe von Fremdstoffen, die durch Adsorption an der Oberfläche die Teilchen vor der Auflösung schützen.

Bei der unmittelbaren Vereinigung der einzelnen Teilchen, der diskontinuierlichen Abnahme des Dispersitätsgrades eines Sols, entstehen zunächst Sekundärteilchen, die in ein Koagel oder in ein nicht mehr dispers zu nennendes System übergehen. Dieser Vorgang entspricht im engeren Sinn der Vorstellung von einer *Koagulation.*

Eine Koagulation kann erfolgen durch:
1. Zugabe von Fremdstoffen, die als Koagulator wirken,
2. mechanische Einwirkung,
3. elektrische Energie,
4. thermische Einwirkung und
5. strahlende Energie.

Bei der Koagulation durch Zugabe von Elektrolyten genügen geringe Elektrolytmengen zur Ausfällung von lyophoben Teilchen. Dagegen werden für die elektrolytunempfindlicheren lyophilen Teilchen wesentlich größere Elektrolytmengen benötigt. Die Teilchen verlieren bei diesem Vorgang ihre elektrische Ladung. Nach der *Burtonschen Regel* steigt das kritische Potential, bei dem eine Koagulation eintritt, mit abnehmender Solkonzentration in Solen mit negativen Teilchen durch Salze mit einwertigen Kationen an, bleibt durch Zugabe von Salzen mit zweiwertigen Kationen angenähert konstant und ändert sich durch Salze mit dreiwertigen Kationen proportional mit der Solkonzentration.

Außer der elektrischen Ladung übt auch die Dicke der Solvathülle von dispersen Teilchen einen maßgeblichen Einfluß auf die Bedingungen einer Koagulation aus. Damit gilt auch für die Koagulation der lyophoben Sole die *Hofmeistersche Ionenreihe,* wonach bei gleichem ζ-Potential das Ion, welches die Teilchen stärker dehydratisiert, auch die größere Koagulationswirkung ausübt. Nach *Ostwald* sind außerdem die Eigenschaften des Dispersionsmittels beteiligt.

In den lyophilen Solen sind die Teilchen so stark solvatisiert, daß sie selbst am isoelektrischen Punkt beständig bleiben. Für die Koagulation derartiger isostabiler Sole ist eine Desolvation der Teilchen die notwendige Voraussetzung. Aus diesem Grund sind zur Koagulation lyophiler Sole wesentlich größere Elektrolytmengen erforderlich als für lyophobe Sole. Hier gilt ohne Ausnahme die *Hofmeistersche lyotrope Ionenreihe*. Z. B. erfolgt die Ausflockung von Hühnereiweiß aus saurer Lösung nach der Ionenreihe:

Rhodanid $<$ Jodid $<$ Chlorat $<$ Nitrat $<$ Clorid $<$ Acetat $<$ Sulfat $<$ Tartrat $<$ Citrat,

$Mg^{\cdot\cdot} < NH_4^{\cdot} < Na^{\cdot} < K^{\cdot} < Li^{\cdot}$.

In alkalischer Lösung erfolgt die flockende Wirkung in umgekehrter Reihenfolge. Hier tritt die nach der *Hardy-Schulzeschen Regel* maßgebende Wertigkeit gegenüber den lyotropen Eigenschaften der Ionen zurück. Die Änderung der elektrischen Ladung und damit die Ausflockung tritt erst als sekundärer Effekt ein.

Versucht man stark lyophile Sole, z. B. ein Gelatinesol, bei höheren Temperaturen durch Salze zu koagulieren, so wird kein zusammenhängendes Gel abgeschieden. Dafür erfolgt eine Trennung in zwei flüssige Phasen, von denen die eine viel und die andere nur sehr wenig kolloide Anteile enthält. Nach *Ostwald* und *Erbring* erfolgt die Entmischung kolloider Systeme nicht nach der für die Entmischung molekulardisperser Systeme geltenden Phasenregel, weil hier eine Mischungslücke zu beobachten ist. Diese Erscheinung tritt auch bei den Natriumstearat- und Natriumpalmitatentmischungen auf.

Dieser als *Koazervation* bezeichnete Vorgang der Entmischung kolloider Systeme beruht auf einem Entladungsvorgang ohne völlige Dehydratisierung. Im Solzustand tragen die Teilchen elektrische Ladungen und eine Solvathülle. Bei der Koazervation durch Salze verlieren die Teilchen ihre Ladungen, behalten jedoch ihre Solvathülle. Damit geht die elektrische Abstoßung durch gleichsinnige Ladungen verloren, die Teilchen können sich einander stärker nähern und bilden ein Koazervat von dicht gedrängten Teilchen. Infolge der noch vorhandenen Solvathüllen bleibt das Koazervat eine flüssige Phase. Allerdings ändert sich der Solvatationsgrad bei der Entmischung infolge eines gewissen Verlustes an Dispersionsmittel. Diese Änderung dürfte die Ursache für die Abweichung von der Phasenregel sein.

Die Koazervatbildung z. B. von Phenol-Formaldehyd-Harzen in Alkoholen oder Zellulosenitrat in Aceton wird zur Fraktionierung verwendet für die Aufstellung von Molekulargewichtsverteilungskurven.

Die Zugabe von Nichtelektrolyten bewirkt im allgemeinen keine Koagulation. Nur bei geringer Konzentration an Nichtelektrolyt beobachtet man eine Verringerung der Solbeständigkeit, eine *Sensibilisierung*, weil die Nichtelektrolyte nicht nur auf die Teilchen wirken sondern auch die elektrischen Eigenschaften des Dispersionsmittels und damit die Dissoziationsverhältnisse des Koagulators.

Durch Mischung zweier lyophober Sole mit entgegengesetzter elektrischer Ladung erfolgt ebenfalls eine Koagulation, denn es tritt eine weitgehende Neutralisierung der entgegengesetzten Ladungen ein. Mischt man jedoch ein lyophobes mit einem lyophilen Sol, so erfolgt bei geringer Konzentration des lyophilen Sols eine Sensibilisierung bis zur Ausflockung. Bei höherer Konzentration des lyophilen Sols tritt dagegen eine deutliche *Stabilisierung* ein, indem das lyophile Sol die Aufgabe eines Schutzkolloids übernimmt....

Durch Dialyse können die stabilisierend wirkenden Elektrolyte weitgehend entfernt werden. Unterschreitet das ζ-Potential der Solteilchen einen kritischen Wert, so tritt die Koagulation ein. Hierbei entsteht aus einem lyophoben Sol ein lockeres, leicht sedimentierendes Koagel und aus einem lyophilen Sol ein Lyogel, eine Gallerte. Nur die isostabilen Kolloide können auf diese Art nicht koaguliert werden.

Rein mechanisches Rühren oder Schütteln läßt einige lyophobe Sole, z. B, das Kupferoxid- oder Eisenhydroxidsol, koagulieren. Diese *mechanische Koagulation* ist eine reine Oberflächenwirkung. Infolge der Anreicherung der dispersen Teilchen an der Grenzfläche kann die Koagulation leichter eintreten, vor allem, wenn das ζ-Potential der Teilchen bereits in der Nähe des kritischen Wertes liegt. Werden außerdem noch molekulardispers gelöste und koagulierend wirkende Stoffe mit adsorbiert, so erfolgt an der Grenzfläche eine Koagulation. Durch Rühren wird nun die Grenzfläche laufend erneuert. Damit kommen immer neue Teilchen in diese Grenzfläche und koagulieren dort. So ist die mechanische Koagulation als eine Grenzflächen- oder Adsorptionskoagulation zu betrachten, die auch an den Gefäßwänden stattfindet. Damit wird auch die Tatsache erklärt, daß die Beschaffenheit des verwendeten Gefäßes eine Einfluß auf die Stabilität eines Sols ausüben kann.

Unterwirft man ein lyophobes Sol der Elektrophorese, so erfolgt eine Koagulation an der Elektrode durch die elektrische Entladung der Teilchen, eine *elektrische Koagulation*. Gleichzeitig entstehen im Inneren des Sols koagulierend wirkende Ionen, die zusätzlich eine Koagulation im Inneren des Sols bewirken. Für die Abscheidung kolloider Teilchen an einer Elektrode gelten die Faradayschen Gesetze nicht, da nie von gleichen Strommengen äquivalente Mengen abgeschieden werden.

Die *thermische Koagulation* eines Sols kann durch plötzliche Temperaturänderung eintreten. Vor allem beim Einfrieren lyophober Sole erfolgt in den meisten Fällen eine Koagulation, die reversibel oder irreversibel sein kann je nach der Beschaffenheit des Sols. Hydrophile Sole flocken leicht bei einer Temperaturerhöhung aus, weil einsetzende chemische Vorgänge den Dispersitätsgrad verändern. Bekannt ist vor allem die als Denaturierung bezeichnete Koagulation der Eiweiße durch Hitzeeinwirkung.

Strahlende Energie, Röntgenstrahlen, UV-Strahlen oder Strahlen radioaktiver Substanzen, bringt ebenfalls Sole zur Koagulation. Sicher werden hier die Teilchen elektrisch entladen. Auch Ultraschallwellen können koagulierend wirken, da im Schallfeld entstehende Sauerstoffradikale eine Oxidation der Teilchen veranlassen können.

Zur quantitativen Erfassung der Koagulation bestimmt man den *Koagulationswert* oder den *Flockungswert* als diejenige Konzentration eines Koagulators, die für eine vollständige Koagulation erforderlich ist. Zur Messung der Koagulationsgeschwindigkeit verfolgt man die Zunahme der Trübung und die Depolarisation des *Tyndall*-Lichts mit der Zeit.

Der andere Weg zur Vernichtung kolloider Systeme besteht in der Überführung in den hochdispersen Zustand, der Erhöhung des Dispersitätsgrades, der *Dissolution*.

Eine Dissolution kann herbeigeführt werden durch:
1. eine Erhöhung der Löslichkeit durch eine Steigerung der Temperatur, z. B. geht ein Seifensol in der Wärme in eine moleculardisperse Lösung über,
2. eine Zugabe einer Flüssigkeit, welche die Teilchen hochdispers löst, z. B. Alkohol zu einem Schwefelsol, und
3. eine Zugabe eines Stoffes, der mit den Teilchen eine hochdispers lösliche Verbindung ergibt, z. B. Salpetersäure zu einem Silbersol.

Von einer normalen Auflösung grober Stücke unterscheidet sich die Dissolution durch ihre große Reaktionsgeschwindigkeit infolge der großen Oberflächen. So wird das metallische Gold nur langsam von Kaliumcyanid gelöst, während das kolloide Gold äußerst schnell in Lösung geht.

Der Dissolution gehen meist typische kolloidchemische Veränderungen voraus. Gibt man z. B. Ammoniak zu einem Vanadiumpentoxidsol, so entsteht zunächst durch Koagulation eine Gallerte, die sich langsam verflüssigt. Hier wird das Ammoniak zuerst an den Grenzflächen adsorbiert mit einer entsprechenden Änderung der elektrischen Ladung. Als zweiter Vorgang erfolgt dann die hochdisperse Auflösung zu Ammoniumvanadat. Durch entsprechende Konzentrationseinstellung der zugefügten Flüssigkeit können die Teilvorgänge der Dissolution, die Koagulation und die Auflösung, beeinflußt werden.

In der Tabelle 7 sind die Arten der Vernichtung kolloider Systeme zusammengestellt.

A. *Durch Aggregation*

kolloides System	Verfahren	Endprodukt
Lyosol	Koagulation	Koagel, Lyogel
	Umkristallisation	grobe Suspension
Aerosol	Koagulation	Makroheterogenes System

B. *Durch Dissolution (Dispergierung)*

kolloides System	Verfahren	Endprodukt
Lyosol	Erhöhung der Löslichkeit	hochdisperse Lösung
Aerosol	Erhöhung der Temperatur, Druckerniedrigung	Gase
festes Sol	Erhöhung der Temperatur	Schmelze

2.8 Die inneren Zustandsänderungen

Eine Änderung des Dispersitätsgrades innerhalb des kolloiden Bereichs und der räumlichen Verteilung der dispersen Teilchen bezeichnet man nach *Ostwald* als *innere Zustandsänderung*, weil der kolloide Zustand nicht beseitigt sondern nur verändert wird. Grundsätzlich gilt hierbei die Regel, daß alle Faktoren, die bei großer Intensität eine radikale Zustandsänderung bewirken, bei geringer Intensität die Eigenschaften der kolloiden Systeme nur begrenzt verändern.

Man unterscheidet zwischen:
1. einer spontanen Zustandsänderung und
2. einer erzwungenen Zustandsänderung.

Eine *spontane Zustandsänderung* erfolgt ohne Zuführung fremder Energie in sich selbst überlassenen kolloiden Systemen. Die bekannteste derartige Erscheinung ist die als *Alterung* bezeichnete Veränderung des Dispersitätsgrades ohne Änderung der räumlichen Verteilung.

Als Folge der Alterung verringert sich die spezifische Oberfläche der Teilchen, und es ändert sich die Oberflächenspannung, Viskosität, Leitfähigkeit, die optischen Eigenschaften, die chemische Zusammensetzung der Teilchen und die intermizellare Flüssigkeit.

Meist beginnt die Alterung von Solen mit einer Strukturänderung der Teilchen, indem die frisch entstandenen Teilchen stark amorph sind und mit der Zeit stärker kristallin werden. Hierdurch ändert sich ihre geometrische Form und damit ihre spezifische Oberfläche und die damit verbundenen Eigenschaften. Durch Umkristallisation erfolgt das

Wachstum der Teilchen, bis schließlich durch Vereinigung der Einzelteilchen die Koagulation zu zusammenhängenden größeren Einheiten eintreten kann.

Bei der Alterung von Gelen erfolgt zunächst wie bei den Solen eine Vergröberung der Teilchen, verbunden mit einer Änderung der räumlichen Verteilung der Gelteilchen. Mit der Zeit schrumpft das Gel immer sträker zusammen unter Absonderung von Dispersionsmittel. Nach *Ostwald* wird diese spontane Entquellung als *Synärese* bezeichnet. Am Beispiel der Viscose-Alterung kann dieser Vorgang makroskopisch beobachtet werden. Allerdings liegt hier keine einfache Dehydratation der Gelteilchen vor. Man darf vielmehr annehmen, daß gleichzeitig die anwesenden Elektrolyte die gegenseitige Anziehung der Teilchen mit der Zeit erleichtern und eine laufend dichter werdende Lagerung unter Flüssigkeitsabgabe bewirken.

Wie bei den radikalen Zustandsänderungen können auch die begrenzten inneren Änderungen des Dispersitätsgrades unterschiedlich verlaufen. So kann durch mechanisches Rühren und Schütteln als *erzwungene innere Zustandsänderung* in Abhängigkeit von den Eigenschaften des Sols eine Erhöhung oder Erniedrigung des Dispersitätsgrades eintreten. Manche Sole nähern sich dem isodispersen Zustand, indem sie homogenisiert werden. Bei anderen Solen wieder erfolgt eine Sensibilisierung, die bis zur Koagulation reichen kann.

Am einfachsten erzielt man eine Änderung des Dispersitätsgrades durch eine Veränderung des Mengenverhältnisses zwischen den dispersen Teilchen und dem Dispersionsmittel. Durch Verdünnen eines Sols zerfallen meist Sekundärteilchen zu Primärteilchen, wodurch der Dispersitätsgrad zunimmt. In anderen Fällen bewirkt eine Konzentrationsänderung eine Änderung der Adsorptionsverhältnisse und damit durch Quellung oder Entquellung eine Änderung des Dispersitätsgrades.

Durch Zugabe von Fremdstoffen ist stets eine Änderung des Dispersitätsgrades zu erwarten. Allgemein bewirken kleine Zusätze eine Koagulation, größere Zusätze dagegen eine Peptisation oder umgekehrt. Diesen Vorgang beobachtet man sehr deutlich bei der elektrischen Umladung der Teilchen mit dem Trübungsmaximum im isoelektrischen Punkt. Zunächst bewirken kleine Elektrolytmengen eine Teilchenvergrößerung, nach Durchschreiten des isoelektrischen Punktes tritt eine Teilchenverkleinerung ein, bis schließlich größere Elektrolytmengen die Teilchen wieder vergrößern bis zur Ausfällung.

Eine Temperaturänderung übt allgemein einen großen Einfluß auf die Beständigkeit der Sole aus. So können die Alterungsvorgänge durch Temperaturerhöhung wesentlich beschleunigt werden. Vor allem bei den temperaturabhängigen Dispersionskolloiden nimmt der Dispersitätsgrad mit der Temperatur zu, bis bei einer bestimmten Temperatur ein hochdisperses System entsteht.

Schließlich lassen sich noch durch strahlende Energien und Ultraschallwellen innere Zustandsänderungen erzwingen.

Eine Änderung der räumlichen Verteilung ohne Änderung des Dispersitätsgrades erfolgt spontan durch Aufrahmen oder Absitzen der Teilchen als Wirkung der Schwerkraft. Da diesem Entmischungsvorgang die *Brown*sche Bewegung der Teilchen entgegenwirkt, stellt sich im Ruhezustand ein Sedimentationsgleichgewicht ein.

Mit Hilfe der Zentrifugalkraft kann die *Sedimentation* erzwungen werden. Dieser Entmischungsvorgang spielt in der Praxis eine bedeutende Rolle. Im Zentrifugalfeld gelten die gleichen Gesetzmäßigkeiten wie für die Sedimentation unter Einwirkung der Schwerkraft. Daher ist eine Messung der Sedimentationsgeschwindigkeit und des Sedimentationsgleichgewichts im Zentrifugalfeld und damit die Bestimmung der Teilchengröße mit der gleichen Genauigkeit möglich wie im Schwerefeld.

Zur Beschleunigung derartiger Messungen ist von *The Svedberg* die *Ultrazentrifuge* konstruiert worden, die bei Umdrehungen bis zu 75000 in der Minute etwa das 400000fache des Schwerefeldes erzeugt. Mit diesem Gerät kann Sedimentationsgeschwindigkeit und -gleichgewicht in günstigen Fällen innerhalb weniger Stunden gemessen werden. Daraus erhält man die Teilchengröße und die Teilchengrößenverteilung.

3. Organische Kolloidchemie

3.1 Einteilung

Die Probleme der organischen Kolloidchemie sind anders geartet als diejenigen der anorganischen Kolloidchemie. Die organische Kolloidchemie ist die Kolloidchemie der Molekülkolloide, die nach *Staudinger* als *Makromoleküle* bezeichnet werden. Zum Teil erreichen sie nur in einer Dimension die kolloide Größenordnung, so daß sie im Ultramikroskop nicht sichtbar werden. Dafür können sie mit Hilfe der auf dem *Tyndall*-Effekt beruhenden Lichtstreuung erfaßt werden. Zu ihrer Untersuchung sind andere Methoden anzuwenden als in der anorganischen Kolloidchemie, da ihre chrakteristischen Eigenschaften vom Molekulargewicht, der Gestalt und der Wechselwirkung mit den Lösungsmittelmolekülen beeinflußt werden.

Die Molekülkolloide sind lyophil wie die Mizellkolloide. Sie gehen stets über einen Quellungsvorgang in Lösung, ohne daß eine elektrische Ladung oder ein Schutzkolloid anwesend sein muß. Alle 10^3 bis 10^9 Atome sind durch Hauptvalenzen zu einem kolloiden Teilchen verbunden, das grundsätzlich den gleichen inneren Aufbau wie die niedermolekularen Stoffe besitzt, sich jedoch in seinem Verhalten unterscheidet.

Bringt man einen makromolekularen Stoff in Lösung, so entsteht zwangsläufig eine kolloide Lösung. Hierzu gehören die Eiweiße, Polysaccharide und der Naturkautschuk als natürliche Makromoleküle und eine Anzahl der synthetischen makromolekularen Stoffe. Als homöopolare Verbindungen tragen die Makromoleküle in Lösung keine elektrischen Ladungen. Sieht man von einigen isodispersen Proteinen ab, so sind alle natürlichen makromolekularen Stoffe infolge von Witterungseinflüssen und Aufarbeitung wie auch alle synthetischen makromolekularen Stoffe stets polydispers. Da hier die Uneinheitlichkeit der Moleküle auf unterschiedliche Molekulargewichte zurückzuführen ist, spricht man nach *G. V. Schulz* von *Polymolekularität*.

Infolge der Auswirkung von Nebenvalenzen können auch Makromoleküle in Lösung zu makromolekularen Assoziationen zusammentreten. Derartige Assoziationen, z.B. der Biokolloide, sind ebenfalls stets polydispers.

Von *Staudinger* ist nun der Beweis erbracht worden, daß die Makromoleküle tatsächlich Moleküle von kolloiden Dimensionen sind. Bei *polymeranalogen Umwandlungen* an den reaktionsfähigen Stellen von Makromolekülen und anschließender Abspaltung der angelagerten Verbindung bleibt das Makromolekül in seiner Größe erhalten. So läßt sich Glykogen in das Glykogentriacetat umwandeln und durch Verseifung das gleich große Glykogen zurückgewinnen. Ähnliche polymeranaloge Umwandlungen sind an Cellulosen, Stärken und synthetischen Makromolekülen durchgeführt worden. In der Tab. 8 sind noch die charakteristischen Unterschiede zwischen niedermolekularen und makromolekularen Stoffen zusammengestellt.

Tab. 8: Die grundlegenden Unterschiede zwischen niedermolekularen und makromolekularen Stoffen

	niedermolekular	*makromolekular*
Molekulargewicht	$< 10\,000$	$> 10\,000$
Zahl der Atome im Molekül	$< 1\,000$	$> 1\,000$
Die reinen Stoffe sind	einheitlich	meist polymolekular
Lösungen	normal	kolloid
	dialysierbar	nicht dialysierbar
Flüchtigkeit	zum Teil flüchtig	nicht flüchtig
Einfluß der Molekülgestalt	gering	groß
Synthese	durchführbar	der Naturstoffe nicht gelungen

Aus kolloidchemischer Sicht sind die Lösungen der Makromoleküle am wichtigsten. Die Makromoleküle verursachen in ihren Lösungsmitteln eine derartige Viskositätserhöhung, daß Abweichungen vom dem *Newton*schen Fließverhalten auftreten. Ein anderer charakteristischer Zustand ist der Gelzustand als Übergangszustand zwischen dem festen

Stoff und seiner kolloiden Lösung. Entstehen kann ein Gel sowohl beim Lösen der Molekülkolloide über eine Quellung als auch beim Eindampfen seiner Lösung.

Im Gegensatz zur niedermolekularen organischen Chemie erfolgt die Einteilung der Molekülkolloide am besten nach ihrer Entstehung, indem man zwischen *natürlichen Makromolekülen* mit ihren daraus hergestellten Kunststoffen und den *synthetischen Makromolekülen* mit ihren durch Polykondensation, Polymerisation oder Polyaddition hergestellten Kunststoffen unterscheidet. Die Tab. 9 zeigt diese Einteilung.

Tab. 9: Einteilung der makromolekularen Stoffe

I. Natürliche Makromoleküle

1. Kohlenwasserstoffe: Kautschuk, Guttapercha, Balata
2. Polysaccharide: Cellulosen, Stärken, Glykogene, Pektine, Mannane, Chitine
3. Polynucleotide
4. Proteine und Enzyme

Kunststoffe aus natürlichen Makromolekülen
aus 1. vulkanisierter Kautschuk
aus 2. Cellulosederivate, Zellwolle
aus 3. Leder, Lanital, Galalith

II. Synthetische Makromoleküle

Kunststoffe aus synthetischen Makromolekülen
durch Polykondensation: Phenolharze, Polyamide, Polyester
durch Polymerisation: Buna, Polystyrol, Polymethacrysäureester
durch Polyaddition: Polyurethane

Zu den Kunststoffen aus natürlichen Makromolekülen gehören das schon im vorigen Jahrhundert bekannte Celluloid, ferner die aus Celluloseestern hergestellten Fasern und Spritzgußartikel und schließlich die aus Viskose gewonnenen Fasern, Folien und Schwämme.

Für die Synthese von Makromolekülen ist die Zahl der funktionellen Gruppen in den monomeren Ausgangsstoffen als den Grundbausteinen oder *Grundmolekülen* maßgebend. Hierbei kann die gegenseitige Verknüpfung nach sämtlichen Arten der organischen chemischen Bindung erfolgen, z.B. durch Kohlenstoff-, Amid-, Ester- oder Ätherbindung. Reagieren bei der Synthese ausschließlich bifunktionelle Grundmoleküle mit einander, so entstehen stets *lineare*, unverzweigte, fadenförmige *Makromoleküle*. Erst bei Anwesenheit von höherfunktionellen Grundmolekülen bilden sich *verzweigte* oder *vernetzte Makromoleküle* aus, wie in Abb. 12 dargestellt ist. Die dreidimensional vernetzten Makromoleküle sind unlöslich und können nur eine begrenzte Quellung zeigen.

Zur *kolloidchemischen Untersuchung der Makromoleküle* gehört damit nicht nur die Bestimmung von Molekulargewicht und Molekulargewichtsverteilung sondern ebenso eine Prüfung

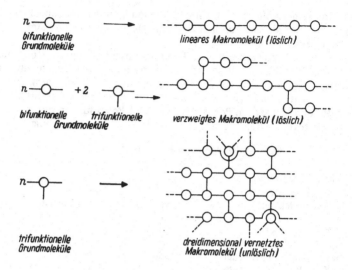

Abb. 12: Schematische Darstellung der Entstehungsmöglichkeiten von Makro-molekülen aus Grundmolekülen

der Linearität, Verzweigung, Vernetzung,
des räumlichen Aufbaues der Einzelgruppen und ihre Anordnung
  entlang der Kette (ataktisch, isotaktisch, syndiotaktisch),
der Polarität der Einzelgruppen und ihre Lage an der Kette,
der Fremdgruppen in den Molekülteilen (Block-, Propfpolymerisat)
  oder in statistischer Verteilung (Mischpolymerisat),
des plastischen und des Schmelzbereiches,
der Hitzebeständigkeit,
der Kristallisationsfähigkeit,
der Verstreckbarkeit,
des elastischen Verhaltens und
des elektrischen Verhaltens (Dielektrizitätskonstante, Verlustfaktor).

Von diesen Eigenschaften hängt die technische Verwendung ab. Im allgemeinen ändern sich die Eigenschaften mit zunehmender Molekül-größe nur allmählich. Zum Unterschied von den niedermolekularen Stoffen tritt als neue Eigenschaft die Quellbarkeit, die hohe Viskosität der Lösungen und die Kautschukelastizität auf.
Durch die Einwirkung von zwischenmolekularen Kräften, Dipol-kräfte und Wasserstoffbrücken können die Eigenschaften der makro-molekularen Stoffe noch verändert werden. Um eine maximale Wir-kung der zwischenmolekularen Kräfte zu erreichen, muß ein Verband von Fadenmolekülen verstreckt werden. Durch diese Dehnung werden die Zwischenräume verringert und die schwachen Kräfte können wirk-

sam werden. Sind die Fadenmoleküle statistisch ungeordnet, so können sie am Ende der Beanspruchung wieder in ihre ungeordnete Gleichgewichtslage zurückkehren. Diese Erscheinung tritt bei amorphen Molekülverbänden als *Kautschukelastizität* auf. Nur bei Ausbildung von Wasserstoffbrücken, z.B. bei den Polyamiden, wird die gestreckte Form fixiert. Dann ist der makromolekulare Verband weitgehend in den *kristallinen Zustand* übergegangen und hat Faserstruktur angenommen.

Fügt man anorganische Stoffe mit stark polarer Oberfläche zu Makromolekülen mit amorphen Bereichen, so gelangen die polaren Gruppen der Makromoleküle und des zugegebenen Stoffes zur Wechselwirkung. Hierdurch erklärt sich die verfestigende Wirkung der aktiven Füllstoffe. Umgekehrt können die zwischenmolekularen Kräfte durch Zugabe von Weichmachern geschwächt werden, so daß die elastischen Eigenschaften erhöht werden. Auch Seitenketten bewirken den gleichen Effekt. Die Eigenschaften der makromolekularen Stoffe sind damit im hohen Maße von dem Ordnungszustand und der energetischen Wechselwirkung zwischen den einzelnen Molekülen abhängig.

Bei den linearen Makromolekülen kann sich durch Parallellagerung einer Anzahl von Fadenmolekülen eine gewisse *Kristallinität* ausbilden. Allerdings gibt es weder eine restlos amorphe noch eine ideal kristalline Anordnung, weil selbst in den sogenannten amophen makromolekularen Stoffen noch kristalline und in den hochkristallinen Fasern stets noch amorphe Bereiche auftreten. Ferner kann die Orientierung der kristallinen Bereiche noch unterschiedlich sein. Die Abb. 13 zeigt eine chematische Darstellung der Anordnungsmöglichkeiten.

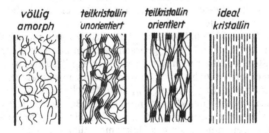

Abb. 13: Anordnungsmöglichkeiten für lineare Makromoleküle

Zur Optimierung der textilen Eigenschaften von Fasern müssen die amorphen und kristallinen Bereiche sogar in einem ausgewogenen Verhältnis zueinander stehen, denn die amorphen Bereiche sorgen für die Elastizität, während die kristallinen Bereiche für die Festigkeit und Temperaturbeständigkeit verantwortlich sind. Ein anschauliches Beispiel hierfür bietet die Wolle. Weil hier die amorphen Bereiche der Polypeptidketten zusätzlich noch durch S–S-Bindungen miteinander verknüpft sind, können die Molekülketten nach einer Dehnung wieder in ihre alte Lage zurückkehren.

Das Verhältnis der amorphen zu den kristallinen Anteilen bestimmt das gesamte Fließverhalten der makromolekularen Stoffe. Da sich dieses Verhältnis durch thermische oder mechanische Behandlungen beeinflussen läßt, spielt es in der Praxis eine große Rolle, genau wie in der Metallurgie. Besonders die amorphen Bereiche sind für die biologischen Funktionen und für die chemischen Umsetzungen von Bedeutung.

Die in der organischen Kolloidchemie gebräuchlichen Bezeichnungen sollen noch in Anlehnung an die deutschsprachige Nomenklaturkommission kurz beschrieben werden.

Eine *makromolekulare Substanz* ist ein Stoff, der aus Makromolekülen oder Makroionen besteht.

Makromoleküle bzw. Makroionen sind Moleküle bzw. Ionen, die in Lösung mindestens mehrere hundert Atome besitzen mit einem Molekulargewicht >10000. Die physikalischen Eigenschaften dürfen sich bei Erhöhung der Zahl der Grundmoleküle um eins sich nicht merklich ändern. Zwischen den niedermolekularen und den makromolekularen Stoffen besteht keine scharfe Grenze, sondern die eine Gruppe geht allmählich in die andere über. Die makromolekularen Stoffe besitzen keine Moleküle gleicher Bauart und gleicher Größe, sondern sind Stoffgemische mit Molekülen oft nur ähnlicher Bauart und unterschiedlicher Größe. Sie sind polymolekular.

Die *Polymolekularität* beschreibt die Uneinheitlichkeit eines makromolekularen Stoffes, besonder in bezug auf das Molekulargewicht der einzelnen Makromoleküle.

Das *Molekulargewicht* makromolekularer Stoffe kann nur angegeben werden, wenn der Stoff in Lösung gebracht werden kann. Bei den polymolekularen Stoffen erhält man nur einen Durchscnittswert, wobei man zwischen einem gewichtsmäßigen und einem zahlenmäßigen Durchschnittsmolekulargewicht, M_W und M_n, zu unterscheiden hat.

Das *Grundmolekül* ist der kleinste molekulare Baustein mit zwei oder mehr funktionellen Gruppen, durch dessen wiederholte Verknüpfung mit Hauptvalenzbindungen das Makromolekül aufgebaut ist.

Die monomere Einheit oder das *Monomere* ist das Grundmolekül für die Polymerisation.

Das *Strukturelement* ist die kleinste chemische Gruppierung, die sich in der Makromolekülkette periodisch wiederholt. Es kann aus mehreren Grundbausteinen bestehen, z.B. Polyester aus Glykol und Dicarbonsäuren.

Ein *Polyelektrolyt* enthält vielfach geladene Ionen, Polyionen. Wenn die Gegenionen zu den Polyionen monovalente Ionen sind, gelten die Polyelektrolyte als wasserlöslich, während schon bei Anwesenheit von bivalenten Gegenionen diese Löslichkeit verloren geht.

Auch Polysäuren, Polybasen, Polysalze oder Polyampholyte können als Polyelektrolyte bezeichnet werden.

Oligomere sind die Anfangskondensations- oder Polymerisationsprodukte, die Dimeren, Trimeren, Tetrameren usw. der Grundmoleküle, die meist als Mischung einer polymerhomologen Reihe vorliegen.

Lineare, fadenförmige Makromoleküle sind Makromoleküle, die ausschließlich aus Grundmolekülen mit zwei funktionellen Gruppen bestehen.

Verzweigte, fadenförmige Makromoleküle sind Makromoleküle, die aus Grundmolekülen mit zwei und einigen mit höher funktionellen Gruppen bestehen.

Vernetzte Makromoleküle sind Makromoleküle, die nahezu oder völlig aus Grundmolekülen mit mehr als zwei funktionellen Gruppen bestehen. Sie zeigen nur begrenzte Quellung.

Substituierte Makromoleküle sind meist lineare Makromoleküle, deren Seitenketten aus anderen, meist gleichen Substituenten bestehen.

Molekülkolloide sind Makromoleküle, die einem Lösungsmittel kolloide Eigenschaften erteilen.

Mizellkolloide sind Verbände von einheitlichen niedermolekularen Stoffen, die durch Nebenvalenzkräfte in Lösung kolloide Teilchen ausbilden.

Sphärokolloide sind Makromoleküle von kugelförmiger Gestalt. Einaggregatige Stoffe sind die unlöslichen, dreidimensional vernetzten Makromoleküle.

Polymereinheitliche Stoffe sind makromolekulare Stoffe aus einheitlichen Grundmolekülen bei gleichartigem Aufbau.

Polymerisomere Stoffe sind ursprünglich polymereinheitliche Stoffe, die durch sekundäre Änderungen, z.B. Einbau von Seitenketten, Abweichungen aufweisen.

Aperiodische Makromoleküle sind Stoffe aus nicht identischen Strukturelementen, z.B. Aminosäurereste in Proteinen.

Blockpolymere sind makromolekulare Stoffe, bei denen strukturell verschiedene Ketten als Blöcke verschiedener Monomereinheiten zu linearen Makromolekülen verknüpft sind.

Craft- oder Pfropfpolymere sind verzweigte makromolekulare Stoffe, deren Makromolekül durch chemische Verknüpfung von zwei oder mehr strukturell verschiedenartigen Teilen entstanden sind.

Die *polymeranaloge Umwandlung* ist die Überführung eines makromolekularen Stoffes in ein Derivat unter Erhaltung des Polymerisationsgrades.

Der *Polymerisationsgrad* gibt die Anzahl der Grundmoleküle in einem Makromolekül an.

Die *Kettengliederzahl* bezeichnet die Anzahl aller Atome in der Makromolekülkette. Nur die Substituenten werden ausgelassen.

Eine *polymerhomologe Reihe* ergeben diejenigen makromolekularen

Stoffe, die sich im Aufbau gleichen, nur im Molekulargewicht sich unterscheiden.

Die *Massenverteilungsfunktion* ist ein Maß für die Polymolekularität, die aussagt, wieviel Anteile eines bestimmten Molekulargewichts in 1 Gramm der makromolekularen Substanz enthalten sind.

Als *Fraktionierung* bezeichnet man die Zerlegung eines polymolekularen Stoffes in Anteile mit angenähert gleichen Molekulargewichten, meist unter Ausnutzung der unterschiedlichen Löslichkeit.

Polyreaktionen sind alle Reaktionen, die Makromoleküle entstehen lassen, weil die gesamte Reaktion in vielen Schritten verläuft.

Die *Polymerisation* ist die Synthese von makromolekularen Stoffen aus ungesättigten Grundmolekülen, den Monomeren, unter Absättigung der Doppelbindungen. Die Polyreaktion besteht aus dem Kettenstart, dem Kettenwachstum, der Kettenübertragung und dem Kettenabbruch.

Bei dem Kettenstart bildet sich primär ein wachstumsfähiges Radikal, Ion oder Komplex, dem sich fortlaufend Monomere als das Kettenwachstum anlagern. Lagert sich an ein bereits einseitig abgesättigtes Makromolekül ein neu entstandenes Radikal an, so erfolgt eine Kettenübertragung, indem das Wachstum der einen Kette beendet wird und das Wachstum einer neuen Kette beginnt. Durch den Kettenabbruch werden alle wachstumsfähigen Anteile vernichtet.

Ein Polymerisat ist ein durch Polymerisation entstandener makromolekularer Stoff.

Die *Copolymerisation* ist eine Polymerisation, bei der verschiedenartige Monomere zur Polyreaktion gelangen. (Die Bezeichnung „Mischpolymerisation" kann zu Irrtümern Anlaß geben)

Die Polymerisation in Substanz ist eine Polymerisation ohne Lösungsmittel.

Die Lösungspolymerisation ist eine Polymerisation in Lösung. Die Emulsions- und Suspensionspolymerisation ist eine Polymerisation in Suspension bzw. in Emulsion.

Die *Polykondensation* ist eine Synthese von makromolkularen Stoffen durch intermolekulare Reaktion von bi- oder höherfunktionellen Molekülen und Abspaltung einer Reaktionskomponente, meist Wasser, nach einer Gleichgewichtsreaktion. Bei dieser Stufenreaktion sind Zwischenprodukte isolierbar.

Die *Copolykondensation* ist eine Polykondensation von Molekülen, die sich in Bau und oft sogar in ihren funktionellen Gruppen unterscheiden.

Ein Polykondensat bzw. Copolykondensat ist ein durch Polykondensation bzw. Copolykondensation entstandener makromolekularer Stoff.

Die *Polyaddition* ist eine Synthese von makromolekularen Stoffen aus zwei verschiedenen Arten von bi- oder höherfunktionellen Molekülen, wobei die reaktionsfähigere Art der Grundmoleküle zur Absättigung ein Atom von der anderen Art der Grundmoleküle aufnimmt und somit der Aufbau von Makromolekülen durch Verschiebung der Bindung und nicht durch Abspaltung einer Reaktionskomponente erfolgt.

Ein Polyaddukt ist ein durch Polyaddition entstandener makromolekularer Stoff.

Die *Härtung* makromolekularer Stoffe ist eine Polyreaktion, bei der dieser Stoff durch Wärme oder einer chemischen Verbindung vernetzt wird. Als irreversibler Vorgang verändert die Härtung die physikalischen Eigenschaften, z.B. die Vulkanisation des Kautschuks.

Die *Thermoplastizität* ist eine Eigenschaft einiger makromolekularer Stoffe, in einem bestimmten Temperaturbereich reversibel zu erweichen und sich damit verformen zu lassen.

3.2 Natürliche Makromoleküle

Zu dieser Gruppe gehören die Polyprene, die Polysaccharide und die Proteine. Bei der Trockendestillation von reinem *Naturkautschuk* entsteht das Isopren. Daher sind im Kautschukmolekül die ungesättigten Isoprenreste $C_5 C_8$ zu langen Ketten verknüpft. Die unterschiedlichen Eigenschaften der einzelnen Kautschukarten beruhen auf der unterschiedlichen Kettenlänge der einzelnen Moleküle. Nach der röntgenographischen Strukturanalyse liegt im Kautschuk das cis-Isomere und im Guttapercha das trans-Isomere des Isoprens vor, wie Abb. 14 zeigt.

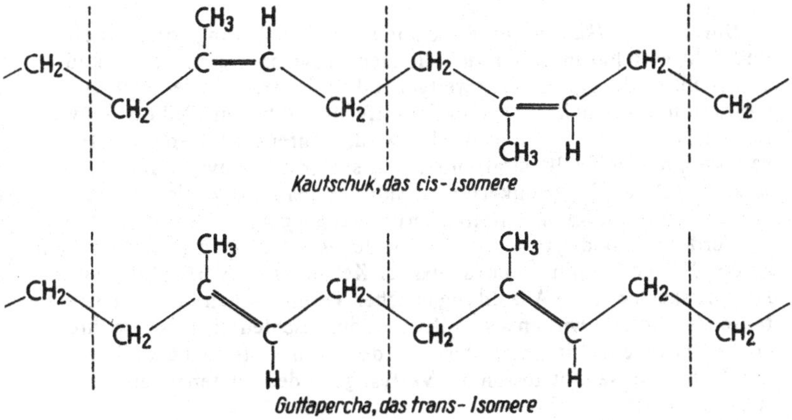

Kautschuk, das cis-Isomere

Guttapercha, das trans-Isomere

Abb. 14: Die Isomeren der Polyprenketten

In Kohlenwasserstoffen ist der Naturkautschuk nicht restlos löslich. Auch nach längerer Einwirkung bleibt ein bestimmter Anteil nur begrenzt quellbar. Daher unterscheidet man zwischen dem löslichen Sol-kautschuk und dem nur quellbaren Gelkautschuk. In dem Gelkautschuk sind die einzelnen Fadenmoleküle bereits durch Brückenbildungen mit-einander vernetzt. Durch Zugabe von aliphatischen Aminen oder Bu-tanol erst geht auch der Gelkautschuk in Lösung, weil die Wasserstoff-brücken gesprengt werden. Es müssen also durch sekundäre Einwirkun-gen einige —C—OH- und C = O-Gruppen entstanden sein, die mit den entsprechenden Gruppen benachbarter Ketten Wasserstoffbrücken ausbilden können. Bei der Alterung und Einwirkung von Hitze bilden sich zusätzlich Äther- und C—C-Brücken unter Verlust von Doppelbin-dungen aus, wodurch der Kautschuk unlöslich wird.

Bei Normaltemperatur ist der Rohkautschuk amorph mit stark ge-falteten Ketten. Erst durch Kälteeinwirkung oder Streckung treten kristalline Bereiche auf mit einer entsprechenden Orientierung. Wird der Streckvorgang wieder aufgehoben, so bildet sich auch der amorphe Zustand zurück, weil die sekundären Bindungen den kristallinen Zustand nicht fixieren können. Damit ist diese Kautschukelastizität weitgehend an den amorphen Zustand gebunden.

Während der lösliche Naturkautschuk ein Molekulargewicht von 300 000 bis 500 000 besitzt, liegt dasjenige der nahe verwandten *Guttapercha* etwas unter 100 000. Die Gutta ist völlig löslich. Sie kann daher keine Vernetzung aufweisen. Dafür tritt sie in zwei Modifikatio-nen auf. In der Schmelze bei etwa 70 °C bildet sich die höher symme-trische, instabile β-Form aus, die beim Abkühlen und beim Strecken langsam in die stabile α-Form übergeht.

Durch die *Vulkanisation*, der chemischen Einwirkung von Schwefel und Schwefelchlorid, lassen sich die mechanischen Eigenschaften und die Quellung des Kautschuks weitgehend verändern. Bei der Kaltvul-kanisation lagert sich Chlor und Schwefel an, wobei ein Teil des Schwe-fels als Thioäther C—S—C gebunden wird. Während der komplizierter verlaufenden Heißvulkanisation reagiert sicher der Schwefel noch zu-sätzlich mit den Polyprenketten zu Sulfiden bei gleichzeitig stattfin-denden Hydrierungs- und Dehydrierungsvorgängen.

Werden Peroxide zur Vulkanisation zugesetzt, so erfolgt die Reaktion an den Doppelbindungen benachbarter Ketten unter Vernetzung der Polyprenketten. Eine Anzahl organischer Verbindungen und fein ver-teilte Metalloxide wirken als Vulkanisationsbeschleuniger, indem ihre große Oberfläche mit einem starken Adsorptionspotential gegenüber den Kohlenwasserstoffresten die Verfestigung des entstehenden Netz-werkes fördert.

Je höher ein Kautschuk vulkanisiert worden ist, desto mehr Brücken-bindungen sind entstanden und desto fester wird die dreidimensionale Vernetzung. Mit steigender Zahl von Brückenbindungen geht die hohe Verstreckbarkeit verloren, bis schließlich im Hartgummi ein Festkörper vorliegt.

Durch Metallhalogenide, Phosphortrichlorid oder Zinnchlorid, geht Kautschuk in eine feste, jedoch in der Wärme plastische Masse über, die als thermoplastische Preßmasse und als Lackrohstoff Bedeutung besitzt. Bei der Reaktion findet sicher eine teilweise Isomerisierung der cis- in die trans-Konfiguration statt, so daß im Endprodukt cis- und trans-Bindungen in statischer Verteilung vorliegen. Jedenfalls lassen sich die Produkte strecken und zeigen im Bruch eine faserige Struktur.

Zur Regenerierung von Altkautschuk wird das Material auf heißen Walzen geknetet, d.h. mastiziert, oder unter Druck mit einem Lösungsmittel erhitzt. Hierbei wird das Netzwerk weitgehend gespalten und die Ketten abgebaut. Es entsteht ein Regeneratkautschuk aus verzweigten Polyprenketten und Netzbruchstücken.

Die Elastizität, Reiß- und Abriebfestigkeit kann durch Zugabe von Ruß, Zinkoxid oder Magnesiumkarbonat erhöht und dafür die Streckbarkeit herabgesetzt werden. Derartige Stoffe werden als Verstärker bezeichnet, während Öle, Wachse und Harze als Weichmacher wirken und die Viskosität des Vulkanisates erhöhen. Schließlich werden noch zur Verminderung der Sauerstoffeinwirkung, der Alterung, Antioxydantien und außerdem zur Verbilligung Füllmittel wie Kieselgur zugesetzt.

Unter der Bezeichnung *Polysaccharide* faßt man die makromolekularen Zucker zusammen, deren Grundmoleküle durch glucosidische Bindungen verknüpft sind. Hierzu gehören als die wichtigsten Vertreter die lineare Cellulose, die verzweigte Stärke und das sphärokolloide Glykogen.

Die *Cellulose* bildet den Hauptbestandteil der pflanzlichen Zellwände als polymerhomologes Gemisch mit unterschiedlichem Molekulargewicht, Kristallstruktur und Textur. Beim Abbau der Cellulose entsteht das Disaccharid Cellobiose, in dem der eine Glucosering in β-glucosidischer Bindung an das Kohlenstoffatom 4 des anderen Glucoseringes gebunden ist. Damit kann die Strukturformel der Cellulose als Kette von Glucoseresten in Cellobiosebindung

angegeben werden.

In der nativen Cellulose sind stets Begleitstoffe enthalten, die eine andere Zusammensetzung aufweisen. Hierzu gehört vor allem das Lignin, das durch chemische Einwirkung aus der Cellulose entfernt wird. Auch die gereinigte Cellulose, die sog. Holocellulose, enthält noch Hemicellulosen, deren Gehalt die Qualität beeinflußt.

Weiterhin weisen die Cellulosen einen geringen Anteil an Carboxylgruppen auf. Trotz der geringen Anzahl üben sie einen großen Einfluß aus, weil sie unter Salzbildung basische Farbstoffe und organische Basen binden. Ebenso ist die Kationendurchlässigkeit der Cellulosemembranen, die negative Aufladung und die Leitfähigkeit durch die anwesenden Carboxylgruppen bedingt. Zu ihrer Bestimmung wird die Aufnahme von Methylenblau, die Bestimmung der Methylenblauzahl, herangezogen.

Die linearen Molekülketten der Cellulose sind durch Wasserstoffbrücken verbunden. Hierdurch erklärt sich die hohe Festigkeit, die Unschmelzbarkeit und das Faserbildungsvermögen der Cellulose. Dafür ist sie in den üblichen Lösungsmitteln unlöslich. Lösende Eigenschaften besitzen nur die wässrigen Lösungen von Kupferäthylendiamin, Tetraäthylammoniumhydroxid, Cadmiumäthylendiamin und der Eisen-Weinsäure-Natrium-Komplex, der gegen Sauerstoff und Licht unempfindliche Lösungen ergibt.

Aus der verdünnten Lösung in einem dieser Lösungsmittel oder nach polymeranaloger Umwandlung in ein lösliches Derivat, meist Nitrat in Aceton oder Butylacetat, kann das Molekulargewicht bestimmt werden. Wegen der hohen Sauerstoffempfindlichkeit der Cellulose ist die Durchführung dieser Bestimmung jedoch sehr schwierig. Daher ist eine mathematische Extrapolation der Sauerstoffeinwirkung nach Null vorgeschlagen worden. Allgemein wird heute für Baumwollcellulose ein Molekulargewicht von $1,5 \cdot 10^6$ angenommen, was einem Polymerisationsgrad von etwa 10 000 entspricht.

Zu den mit der Cellulose verwandten Begleitstoffen gehören die *Hemicellulosen*. Obwohl bei ihnen die Zuckerreste ebenfalls glucosidisch zu Ketten verbunden sind, lassen sie sich leichter in Alkalien lösen und durch Säuren hydrolysieren. Allerdings ist ein Teil der Hemicellulosen auch gegen Alkali ziemlich widerstandsfähig, so daß der aus Holz gewonnene technische Zellstoff noch bis zu 30% Hemicellulosen, zum größten Teil Xylan und Mannan, enthält. Im Gegensatz hierzu weist die Baumwollcellulose nur einen geringen Anteil auf.

Meist stellen die Hemicellulosen nur schwer trennbare Gemische von Polysacchariden dar, die aus verschiedenen Grundbausteinen, Pentosen, Hexosen und Uronsäuren bestehen. Zur Konstitutionsaufklärung wird ein derartiges Gemisch in Alkali gelöst und fraktioniert. Mit Essigsäure fallen zunächst die rechtsdrehenden Glucosane und Mannane aus. Anschließend scheiden sich nach Zugabe von Alkohol die linksdrehenden Pentosane und Polyuronsäuren ab.

In Anwesenheit von Oxalsäure unterwirft man die Fraktionen einer milden Hydrolyse, wodurch die Ketten in größere Bruchstücke zerlegt werden. Nach erschöpfender Methylierung mit Dimethylsulfat in alkalischer Lösung und anschließender Hydrolyse erfolgt die Identifizierung der einzelnen Spaltzucker.

Die in 17,5%iger Natronlauge unlöslichen Anteile eines technischen Zellstoffes bezeichnet man als α-Cellulose. Diese hochmolekulare Cellulose stellt den wertvollsten Bestandteil der technischen Zellstoffe dar, während die in 17,5%iger Natronlauge unter bestimmten Bedingungen löslichen Anteile unter der Bezeichnung β-Cellulose zusammengefaßt werden. Neben anderen Hemicellulosen gehören hierzu die Glucosane, die bei der Hydrolyse Glucose ergeben. Diese Glucosane haben die gleiche Struktur der Cellubiosekette wie die Cellulose, nur sind sie infolge des niedrigeren Molekulargewichtes leichter zugänglich.

Eine weitere Gruppe von Polysacchariden sind die *Pektine* mit den Grundmolekülen Galaktose, Arabinose und Galakturonsäure. Da das Fleisch der Früchte und Wurzeln bis zu 50% aus Pektinen besteht, sind sie ein wichtiger Bestandteil der menschlichen Ernährung. In den Fruchtsäften findet man ein lösliches Pektin, während in den Früchten und Wurzeln ein unlösliches Pektin auftritt.

Die wichtigsten Pektine des Handels, das Citrus- und das Apfelpektin, werden durch Extraktion mit heißer verdünnter Schwefelsäure aus den Citrusfrüchten und Äpfeln hergestellt. Hier interessiert besonders die Fähigkeit der Gelbildung, die als Gelierfähigkeit nach Zugabe einer bestimmten Zuckermenge zu einer wässrigen Lösung durch Messung der Gelfestigkeit geprüft wird.

Aus Pentose-, Hexose- und Uronsäureresten ist eine andere Gruppe von Begleitstoffen zusammengesetzt. Das sind die Pflanzengummis und Schleime. Da sie keine Faserstruktur aufweisen, dürfte die Verknüpfung der Grundmoleküle zu den Makromolekülen eine andere als bei der Cellulose sein. Sie zeichnen sich durch eine hohe Quellbarkeit aus und eignen sich gut als Schutzkolloide für die anorganischen Kolloide.

Das *Lignin* tritt stets mit der Cellulose gebunden auf. Durch Kochen von Holz mit Bisulfit und Natronlauge unter Druck werden die Polysaccharid-Ligninbindungen gesprengt und auf diese Weise der technische Zellstoff durch Sulfit-Aufschluß hergestellt. Das Lignin geht hierbei als Lignosulfonsäure in Lösung. Ein anderer Weg der Trennung besteht in dem Natron- oder Sulfat-Aufschluß der Zellstoffherstellung. Durch längere Einwirkung von Alkali wird das Lignin in Lösung gebracht und mit Säuren des Alkali-Lignin ausgefällt. Umgekehrt kann Holz auch mit etwa 75%iger Schwefelsäure abgebaut werden und anschließend durch Verdünnen mit Wasser das Säurelignin ausgefällt werden. Von den Verwendungsmöglichkeiten des Lignin ist besonders die Hydrierung zu Cyclohexanderivaten von Interesse, die als Lösungsmittel und zur Herstellung von makromolekularen Stoffen dienen.

Das Verhalten des Lignins deutet auf eine dreidimensional vernetzte, aus aromatischen Grundmolekülen aufgebaute makromolekulare Substanz, die erst abgebaut werden muß, ehe sie in Lösung gehen kann. Damit verlieren hier die Begriffe Molekül und Molekulargewicht ihre Bedeutung wie bei dem vulkanisierten Kautschuk. In neuerer Zeit ist sogar die Synthese eines Lignins gelungen, das mit dem Lignin der Nadelhölzer identisch ist.

Als *Stärke*, dem Hauptbestandteil der Stärkekörner, bezeichnet man ein Gemisch von Kohlenhydraten, die leicht zu Glucose hydrolysiert werden. Der pflanzliche Organismus speichert die Glucose als wasserunlösliche Stärkekörner, die wieder in lösliche Zucker überführt werden können. Die gleiche Aufgabe erfüllt das Glykogen im tierischen Organismus, ein ähnliches Polysaccharid, das jedoch im Zellplasma verteilt bleibt.

Im Gegensatz zur Cellulose besteht die Stärke nicht aus einheitlichen Grundbausteinen sondern aus den beiden Kohlenhydraten Amylose und Amylopektin. Zu ihrer Trennung wird die Stärke mit Wasser und Butanol unter Druck und Wärme aufgeschlossen. Beim Erkalten fällt eine Amylose-Butanol-Verbindung aus, während das Amylopektin in Lösung bleibt und anschließend mit Alkohol ausgefällt wird.

In der Amylose sind die Glucosereste in α-1,4-glucosidischer Bindung zu unterschiedlich langen Ketten zusammengefügt. Damit ist sie ein polymerhomologes Gemisch, dessen Molekulargewichte zwischen 10 000 und 400 000 liegen.

In Wasser bildet die Amylose wie alle Stärkebestandteile leicht Assoziate, die einer Alterung infolge einer zunehmenden Auskristallisation unterliegen. Dagegen stellt Hydrazinhydrat und Äthylendiamin ein gutes Lösungsmittel dar, das auch zur Molekulargewichtsbestimmung verwendet werden kann.

Im Gegensatz zur Amylose besteht das Amylopektin der Stärke aus verzweigten Molekülen, da hier die Glucosereste nicht nur in α-1,4- sondern auch in α-1,6-Bindung vorliegen, wie die Formel zeigt:

Amylose

Amylopektin

Durch enzymatischen Abbau ist dann der Nachweis gelungen, daß die Kettenteile zwischen zwei Zweigstellen aus 8 bis 9 Glucoseresten bestehen und die Seitenketten aus 13 bis 15 Glucoseresten.

Da alle Stärkekörner in Wasser bis 80 °C eine begrenzte Quellung aufweisen, muß ein dreidimensionales Netzwerk vorliegen, dessen Molekülketten miteinander verknüpft sind. Diese Knüpfstellen werden von Äthylendiamin und Hydrazinhydrat gesprengt, so daß sie nur aus Wasserstoffbrücken zwischen den Hydroxylgruppen bestehen können.

Beim Einrühren von Stärke in heißes Wasser quellen die Körner auf ein vielfaches ihres Ausgangsvolumens unter Bildung eines hochviskosen „Kleisters". Zunächst dringt hierbei das heiße Wasser in das Korn ein, löst die leicht löslichen Amylosemoleküle heraus und bringt die gelockerte Struktur zur weiteren Wasseraufnahme, ohne das Netzwerk zu beseitigen. Erst durch Zugabe von Lösungsmitteln oder Erhöhung der Temperatur auf 100 °C werden die Knüpfstellen beseitigt und das Korn zerfällt unter Entstehung einer niederviskosen trüben Suspension.

Als *Glykogen* bezeichnet man die im tierischen Organismus dispergierten Kohlenhydrate, die bei der Säurehydrolyse ebenfalls Glucose ergeben. Im Organismus wird das Glykogen aus Glucose und anderen Zuckern als Reservekohlenhydrat aufgebaut und ebenso leicht auch gespalten. Das nach der Röntgenanalyse amorphe Glykogen ist stark verzweigt mit den Knüpfstellen in α-1,6-Stellung. Damit kann Glykogen als ein stark verzweigtes Amylopektin aufgefaßt werden. Zwischen den Glucoseresten mit der Verzweigung in 6-Stellung können jedoch nur kurze Kettenteile mit wenigen Glucoseresten liegen, so daß eine Parallellagerung von Kettenteilen zu kristallinen Bereichen nicht möglich ist.

Die *Eiweißstoffe* oder *Proteine* stellen die umfangreichste Gruppe der natürlichen Makromoleküle dar, so daß nur ein Überblick gegeben werden kann, der das Eindringen in die vielfältigen Eigenschaften und Funktionen erleichtern soll.

Zur Untersuchung müssen die Eiweiße erst durch Ultrazentrifugation, Elektrophorese oder fraktionierte Fällung gereinigt werden. Anschließend werden sie einer Säurehydrolyse unterworfen und das erhaltene Gemisch an Aminosäuren gelangt, mit Hilfe der Säulen-, Papier- oder Gaschromatographie und der Elektrophorese getrennt, zur Identifizierung.

In den makromolekularen Proteinen sind die Aminosäuren durch Peptidbindungen verknüpft, indem jeder Aminosäurerest

$$-N-C-C-$$
$$\quad | \quad \wedge \quad \|$$
$$\qquad\qquad O$$

mit dem Nachbaraminosäurerest verbunden ist. Durch die Substituenten am Stickstoff und an dem benachbarten Kohlenstoff werden die Eigenschaften der verschiedenen Eiweiße bestimmt.

Der Form nach unterteilt man sie in fibrilläre und globuläre Proteine. Zur ersten Gruppe gehören die aus Eiweiß aufgebauten Fasern der Muskeln und Sehnen mit ihren längs der Faserrichtung gestreckten Hauptvalenzketten. Dagegen gehören die Fermente, Virusproteine und das Hämoglobin zu den globulären Eiweißen.

In der Eiweißchemie versteht man unter dem Molekulargewicht im allgemeinen das Teilchengewicht und nicht das chemische Molekulargewicht, weil die Einzelmoleküle sich zu relativ stabilen, aber reversiblen Assoziaten zusammenlagern, die sich durch Änderung der Wasserstoffionenkonzentration oder durch Zusätze zu den wässrigen Lösungen in kleinere Einheiten aufspalten lassen.

Außer den löslichen Proteinen gibt es noch begrenzt quellbare, unlösliche Eiweiße mit dreidimensional vernetzten Ketten, bei denen z. B. seitliche Carboxylgruppen mit basischen Gruppen anderer Ketten zu Amiden zusammengetreten sind oder sich S—S-Brücken gebildet haben. Hier ist die Frage nach dem Molekulargewicht illusorisch, da nur Bruchstücke zur Untersuchung gebracht werden können.

Schließlich findet man noch Proteine mit einem Anteil an Phosphorsäureresten oder höhermolekularen Resten. Man bezeichnet sie als zusammengesetzte Proteine oder Proteide. Ihr wichtigster Vertreter ist das Casein, das als Calciumsalz eines Phosphorproteids den Hauptbestandteil des Milcheiweißes darstellt und als Galalith und Lanitalfaser auch technische Anwendung gefunden hat. Die geringe Viskosität der Caseinlösungen beweist den globulären Bau der Teilchen, die jedoch nach bestimmter Einwirkung in die Kettenform übergehen können, wie das Fadenziehvermögen von erwärmtem Käse zeigt.

3.3 Synthetische Makromoleküle

Die Bedeutung und Vielseitigkeit in der Anwendung der aus niedermolekularen organischen Stoffen synthetisch hergestellten makromolekularen Stoffe hat heute bereits diejenige der natürlichen Makromoleküle überflügelt. Die *synthetischen Makromoleküle* dienen zur Herstellung von Kunststoffen, plastischen Massen, die zu Fasern, Folien und Gegenständen verarbeitet werden, ferner zur Herstellung von Elastomeren, den kautschukelastischen Stoffen, und zur Herstellung von Lacken. Die Erfahrung hat nun gezeigt, daß eine schrittweise Synthese unter Isolierung jeder Zwischenstufe nicht möglich ist, sondern daß die Reaktion ohne Unterbrechung als Folge von Einzelreaktionen zur Entstehung von Molekülen kolloider Dimensionen erfolgen muß.

Die Methoden zur Synthese teilt man nach den Reaktionsmechanismen ein in Polymerisation, Polykondensation und Polyaddition. Entsprechend unterscheidet man als makromolekulare Stoffe zwischen Polymerisaten, Polykondensaten und Polyaddukten.

Die *Polymerisation* geht von ungesättigten und von cyclischen Verbindungen aus, deren Doppelbindungen aufgehoben oder deren Ringe geöffnet werden, wodurch die Verknüpfung der entstandenen Bruchstücke miteinander durch Hauptvalenzen erfolgen kann. Unter *Polykondensation* versteht man wie in der niedermolekularen Chemie eine Verknüpfung von Molekülen unter Abspaltung von reagierenden Gruppen, meist Wasser. Dagegen beruht die *Polyaddition* auf der Additionsfähigkeit besonders reaktionsfähiger Gruppen, z. B. der Isocyanat- oder Ketengruppierung, mit Alkoholen und Aminen.

Damit eine chemische Verbindung als Grundbaustein, Monomeres, zur Synthese von Makromolekülen eingesetzt werden kann, muß sie bestimmte Atomgruppierungen enthalten. Besonders Doppelbindungen und labile Ringverbindungen erleichtern die Reaktionsfähigkeit, da sie immer bestrebt sind, in eine stabile, gesättigte Form überzugehen. Zu diesen reaktionsfähigen Atomgruppen gehören die

$$-\overset{|}{C}=\overset{|}{C}- \text{-Bindungen der Äthylene und Butadiene, die}$$

$$-C\equiv C- \text{-Bindungen der Acetylene, die}$$

$$=C=O \text{ -Bindungen der Aldehyde und Carboxylsäuren, die}$$

$$-\overset{|}{C}=N- \text{ und } -C\equiv N \text{ -Bindungen.}$$

Als Beispiel für die labilen Ringverbindungen kann das

$$\text{Äthylenoxid } \overset{\displaystyle CH_2}{\underset{\displaystyle CH_2}{|}}\!\!\diagdown_{\diagup} O \text{ und Äthylenimin } \overset{\displaystyle CH_2}{\underset{\displaystyle CH_2}{|}}\!\!\diagdown_{\diagup} NH$$

dienen.

Die Auslösung der in diesen Bindungen ruhenden Kräfte erfolgt durch Einwirkung eines Katalysators, Licht oder Wärme. Der meist exotherme Reaktionsverlauf beweist den vorhandenen Energieüberschuß. So erfolgt die Verknüpfung der Monomeren zu Makromolekülen stets durch Hauptvalenzbindungen unter einem Spannungsausgleich der Doppel- oder Ringbindungen. Da Dreierringe, z. B. Äthylenoxid, die größte innere Spannung aufweisen, polymerisieren sie auch am leichtesten, während das Benzol trotz seiner drei konjugierten Doppelbindungen nicht mehr polymerisationsfähig ist.

73

Hier ändert sich das Verhalten erst, wenn Substituenten die Polarität erhöhen. Z. B. beruht die leichte Polymerisation von

$$\text{Isobutylen} \quad \begin{matrix} CH_3 \\ \\ CH_3 \end{matrix} \!\!\!\! >\!\! C\!=\!CH_2$$

bereits auf der unsymmetrischen Ladungsverteilung im Molekül im Gegensatz zu dem nur schwer polymerisierenden Butylen. Ebenso besitzen ε-Aminocaprolactam $NH(GH_2)_5CO$ und Formaldehyd durch das Sauerstoffatom eine hohe Polarität und damit eine hohe Reaktionsfähigkeit. Auch hier polymerisiert Acetaldehyd bereits schwerer als Formaldehyd und die höheren Homologen mit einer Carbonylgruppe sind nicht mehr polymerisationsfähig. Bei den aromatischen Verbindungen übt noch die Art der Substitution einen Einfluß aus, denn die o- und p-Verbindungen des Styrols kondensieren leichter als die m-Verbindungen, wie als Beispiel die unterschiedliche Kondensationsfähigkeit der Styrolderivate

| Oxystyrol
—o— | Äthoxystyrol
—p— | Methylstyrol
—m— |

Oxystyrol und Äthoxystyrol einerseits und das Methylstyrol andererseits beweist.

Unter einer *Polymerisation* versteht man die durch Aufhebung von Doppelbindungen entstehende Verknüpfung von ungesättigten Verbindungen mit Kohlenstoffhauptvalenzbindungen, die durch die gesamte Kette laufen. In Abhängigkeit von der Art der Aktivierung reagieren die Kohlenstoffdoppelbindungen auf zwei Arten:

Entweder wird das π-Elektronenpaar unter Ausbildung eines Radikals zu zwei Einzelelektronen entkoppelt oder das Elektronenpaar verschiebt sich infolge der durch den Substituenten bedingten unterschiedlichen Elektronenaffinität der Kohlenstoffatome, wodurch die ionische Form der Polymerisation zur Wirkung kommt. Über eine der beiden Arten, die radikalische oder ionische, verlaufen sämtliche Polymerisationen und man unterscheidet entsprechend zwischen *Radikalketten-* und *Ionenkettenpolymerisationen.*

Die Monomeren zeigen nun je nach der Beschaffenheit der Substituenten an den C-Atomen der Doppelbindung eine verschiedene Polymerisationsfähigkeit. Proportional mit der Aktivierung der Doppelbindung nimmt auch die Reaktionsfähigkeit der Monomeren zu. Tritt z. B. die polymerisationsfähige Doppelbindung eines Monomeren mit der Doppelbindung seines Substituenten in Konjugation, so erfolgt eine Aktivierung. Im Styrol mit der polymerisationsfähigen Doppelbindung der Vinylgruppe, die in Konjugation mit den Doppelbindungen des Benzolringes steht, erfolgt eine Polymerisation leichter als im Vinylacetat, bei dem keine Konjugation der Vinylgruppe zur Carbonylgruppe besteht.

Allgemein reagiert ein Radikal um so leichter mit einem Monomeren, je stärker die Stabilisierung des sich bildenden neuen Radikals ist. Allerdings setzt diese Stabilisierung eine weitere Reaktionsfähigkeit herab, so daß meist die reaktionsfähigeren Monomeren die trägeren Radikale liefern und umgekehrt die trägeren Monomeren die reaktionsfähigeren Radikale.

Die Polymerisation stellt eine Art Kettenreaktion dar mit einer geschlossenen Reihenfolge einzelner, voneinander abhängiger Reaktionsschritte, die man in drei Hauptstufen unterteilen kann:

die *Startreaktion,* in welcher ein reaktionsfähiges Radikal entsteht, das nun eine Kette von Anlagerungsreaktionen veranlaßt,

die *Wachstumsreaktion* der entstehenden Ketten unter Erhaltung des Radikal-Charakters der jeweiligen Kettenenden,

die *Abbruchreaktion* unter Vernichtung der aktiven Kettenenden, wodurch das Kettenwachstum beendet wird.

In einzelnen Fällen erfolgt noch eine *Kettenübertragung,* indem das Wachstum einzelner Ketten beendet wird unter gleichzeitiger Entstehung von neuen Keimen zur Bildung weiterer Makromoleküle.

Für den Start einer Polymerisation wird in den meisten Fällen ein Beschleuniger zugesetzt, der sich während der Polymerisation verbraucht. In dem reagierenden System findet man Monomere und wachsende Ketten mit mindest einem radikalartigen Ende, zwischen denen kein Gleichgewicht herrscht. Damit ist die Aktivierungsenergie nur bei der Startreaktion groß und bei den einzelnen Wachstumsreaktionen geringer, wie auch das Durchschnittsmolekulargewicht nur durch die reaktionskinetischen Verhältnisse bestimmt wird.

Die Polymerisation kann als *Lösungspolymerisation* in Anwesenheit von Lösungsmitteln oder in Substanz als *Blockpolymerisation* erfolgen. Eine andere Möglichkeit besteht in einer Emulgierung der Monomeren mit Hilfe von Emulgatoren meist in Wasser und der Durchführung als *Emulsionspolymerisation* unter nachträglicher Ausfällung des Poly-

merisates. Ebenso werden als *Suspensionspolymerisation* die Monomeren als Tröpfchen in einer flüssigen Phase verteilt und so polymerisiert, daß das Polymerisat in Form von Perlen ausfällt. Polymerisiert
man nun zwei oder mehr ungesättigte Monomere verschiedener Art
gleichzeitig, so entstehen Makromoleküle, die alle Grundmoleküle eingebaut haben. Diese Art der Polymerisation wird als *Copolymerisation*
bezeichnet und ist nicht zu verwechseln mit den Mischpolymerisaten,
die eine Mischung von fertigen Makromolekülen einheitlicher Bauart
darstellen.

Die *Radikalkettenpolymerisation* von Styrol und Methacrylsäure-
ester wird durch Wärme ausgelöst. Aus energetischen Gründen darf man
hier annehmen, daß durch diese Anregung jeweils zwei Monomere miteinander reagieren unter Ausbildung eines bivalenten Radikals als Startreaktion. Ebenso können energiereiche Strahlen, Licht, Ultraschall oder
zugefügte Beschleuniger die Monomeren zur Radikalbildung anregen.
Als Beschleuniger eignen sich Benzoylperoxid, Azoverbindungen oder
Redoxsysteme, die unter den Reaktionsbedingungen in Radikale zerfallen.

Als Beweis für den Radikalkettenmechanismus dient die *Inhibierbar-
keit*, die Hemmung der Polymerisation, durch molekularen Sauerstoff,
denn die Kohlenstoffradikale bilden mit molekularem Sauerstoff
Peroxide, die ein Kettenwachstum hemmen. Erst nach Verbrauch des
Sauerstoffs beginnt die eigentliche, bisher inhibierte Polymerisation,
die dann infolge der anwesenden Peroxide wesentlich schneller verläuft als ohne deren Anwesenheit. Der Sauerstoff spielt hier eine
interessante Doppelrolle, indem er zunächst die Polymerisation verzögert, um sie später in Form der Peroxide zu beschleunigen.

Bei anderen Radikalkettenpolymerisationen kommt es nach einer
Vorperiode von etwa 20 bis 30% Umsatz plötzlich zu einer enormen
Beschleunigung mit einem beinahe explosionsartigen Ende der Polymerisation. Hier ist infolge der bereits entstandenen Makromoleküle
die Viskosität so angestiegen, daß die wachsenden Radikalketten in
ihrer Beweglichkeit behindert werden und nur noch mit den beweglichen niedermolekularen Monomeren reagieren. So erhöht sich die
Zahl der wachsenden Ketten ständig, bis das gesamte System unter
Einschluß des Lösungsmittels zu einem Gel erstarrt. Der gleiche Effekt
tritt bei der Ausbildung von Vernetzungen auf.

Bei der speziellen Art der Radikalkettenpolymerisation, der *Redox-
polymerisation*, erfolgt die Radikalbildung durch gleichzeitige Zugabe
eines Oxydations- und eines Reduktionsmittels. Hier veranlaßt die
Oxydation des Reduktionsmittels die Entstehung von Radikalen, um
die Polymerisation auszulösen. Durch Anwesenheit von Metallverbin-
dungen kann oft noch eine Beschleunigung erzielt werden. Allgemeine
Gesetzmäßigkeiten über die Wahl der Komponenten und deren Wirkung
auf die Monomeren sind jedoch noch nicht bekannt.

Um die Polymerisation beliebig auf bestimmte Durchschnittsmolekulargewichte einzustellen, werden noch Polymerisationsregler, Tetra-
chlorkohlenstoff oder Merkaptane, zugesetzt, die durch Übertragungsreaktionen das Kettenwachstum begrenzen. So wird Butadien oft in
Anwesenheit von Disulfiden polymerisiert und damit die gewünschten
Eigenschaften erzielt.

Wie alle Ionenreaktionen wird die *Ionenkettenpolymerisation* stark
von der Dielektrizitätskonstanten des Lösungsmittels beeinflußt, weil
hier die Reaktion über einen polaren oder ionischen Mechanismus erfolgt. Die Reaktionsgeschwindigkeit steigt proportional mit der Dielektrizitätskonstanten. Dagegen sind die Inhibitoren der Radikalkettenpolymerisation unwirksam. Hier bestimmen allein die einzelnen Substituenten an der Doppelbindung die Reaktionsfähigkeit der Monomeren
und damit den kationischen oder anionischen Charakter der Polymerisation.

Die kationische Ionenkettenpolymerisation wird durch Friedel-Crafts-
Katalysatoren, Aluminiumchlorid, Borfluorid oder Titanchlorid, und
Säuren ausgelöst. Hierzu gehört die Synthese von Polyisobutylen,
Butylkautschuk, Zahlenbuna und Niederdruck-Polyäthylen. Dagegen
wird die anionische Ionenkettenpolymerisation durch Basen und metallorganische Verbindungen ausgelöst. Hierzu gehört die Polymerisation
der Acryl- und der Methacrylderivate. Wie jede Radikalkettenpolymerisation durchläuft auch jede Ionenkettenpolymerisation die drei Hauptstufen, die Start-, Wachstums- und Abbruchreaktion.

Die Polymerisation verschiedenartiger Grundmoleküle zu einem
Copolymerisat hängt von der Zusammensetzung des Monomerenge-
misches ab. Meistens verschiebt sich dieses Verhältnis zugunsten des
Monomeren mit der höheren Reaktionsfähigkeit. Auf diese Weise können die Eigenschaften eines Polymerisates stark beeinflußt werden.
Wird z. B. bei der Copolymerisation von Styrol mit Methacrylsäure-
methylester der Anteil an Ester-Monomeren erhöht, so verbessert sich
die Löslichkeit des Copolymerisates in Estern und Ketonen. Auch wird
durch Copolymerisation von Acrylnitril mit basischen Monomeren die
Anfärbbarkeit der Polyacrylnitrilfasern verbessert.

Um die technischen Eigenschaften eines Polymerisates in einer gewünschten Richtung zu beeinflussen, besteht außerdem die Möglichkeit
der *Pfropfpolymerisation*, indem man zunächst das Polymerisat herstellt
und anschließend nach Zugabe eines anderen Monomeren weiterpolymerisiert. Als Voraussetzung hierzu müssen Übertragungsreaktionen
stattfinden, wodurch die entstandenen Radikale in die bereits vorhandenen Ketten eingebaut werden.

Bei der Kondensation, der Entstehung eines Esters aus Säure und
Alkohol, erfolgt eine Verknüpfung von zwei oder mehr Molekülen unter

Abspaltung der reagierenden Atome oder Atomgruppen, die meist Wasser oder andere kleine Moleküle bilden. Nach der Anzahl dieser reagierenden Gruppen in einem Molekül unterscheidet man zwischen mono-, bi-, tri- und mehrfunktionellen Molekülen. Die monofunktionellen Moleküle können nur zu niedermolekularen Verbindungen kondensieren, weil nach Reaktion an der einen Stelle keine weitere reaktionsfähige Gruppe zur Verfügung steht.

Nur bifunktionelle Moleküle können demnach zu Makromolekülen polykondensieren, da nach jeder erfolgten Kondensation noch eine weitere reaktionsfähige Gruppe für die nächste Kondensation bereit ist. Die kondensationsfähigen bifunktionellen Moleküle können nun zwei gleiche oder zwei verschiedene reaktionsfähige Gruppen enthalten, wie auch verschiedene Moleküle mit je zwei reaktionsfähigen Gruppen zur Polykondensation geeignet sind.

Damit ist auch die *Polykondensation* eine Stufenreaktion, die sich jedoch aus gleichartigen Einzelreaktionen zusammensetzt. Die einzelnen Reaktionen verlaufen unabhängig voneinander in willkürlicher Reihenfolge. Als Zwischenprodukte können oligomere und später polymere Moleküle mit den gleichen Endgruppen wie die Monomeren isoliert werden. Mit der Dauer der Polykondensation nimmt das Durchschnittsmolekulargewicht der entstandenen Makromoleküle bis zu einem Gleichgewicht zu. Durch fortlaufendes Absaugen einer Reaktionskomponente, meist des gebildeten Wassers, kann dieses Gleichgewicht nach der Entstehung höherer Molekulargewichte weitgehend verschoben werden.

Die Polykondensation von trifunktionellen Molekülen erfolgt dagegen nicht mehr in einer Dimension. Es bilden sich Verzweigungen aus, die anschließend zu einer dreidimensionalen Vernetzung der entstehenden Makromoleküle führen.

Die Bedingungen der Polykondensation sind sehr unterschiedlich. Zum Teil erfolgt sie mit und zum Teil ohne Lösungsmittel. Auch Katalysatoren, Metalloxide und metallorganische Verbindungen, werden zugegeben. Oder es greift ein dritter Stoff in die Reaktion ein, ohne in das Kondensat eingebaut zu werden, wie z. B. bei der Polykondensation der Dihalogenide mit metallischem Natrium. Damit soll die große Mannigfaltigkeit der Synthesen aufgezeigt werden, denn in Abhängigkeit von der Konstitution der Ausgangsstoffe können verschiedenartige chemische Reaktionen stattfinden. Hierzu gehören die Veresterung, Amidierung, Alkylierung, Anhydrisierung, Sulfidierung, Hydrazonierung und die Oxydation. In der Tabelle 10 sind eine Anzahl von funktionellen Gruppen für diese Reaktionen mit den jeweils entstehenden Polykondensaten zusammengestellt.

Die genannten Polykondensationen können auf zwei verschiedene Arten erfolgen:

Tab. 10: Zusammenstellung von funktionellen Gruppen mit den entstehenden
Arten von Polykondensaten

Funktionelle Gruppen		Polykondensate
−OH	−COOH	Polyester
−OH	−COOR	Polyester
−OOCR	−COOH	Polyester
−OOCR'	−COOR	Polyester
−OH	−COCl	Polyester
−Cl	−COONa	Polyester
−NH$_2$	−COOH	Polyamid
−CHO	−NH$_2$	Harnstoff-Formaldehyd-Harz
−OH	−OH	Polyäther
−OH	−Cl	Polyäther
−HC=O	−OH	Polyacetal
H−Aryl−OH	−CHO	Phenol-Formaldehyd-Harz
−COOH	−COOH	Polyanhydrid
−SH	−SH	Polysulfid
−HC=O	−NH−NH$_2$	Polyhydrazon
−SiOH	−SiOH	Polysiloxan
−Br	−Br (Metall)	Kohlenwasserstoff
−Cl	H−Aryl (Katalysator)	Kohlenwasserstoff

1. durch direkte Reaktion der funktionellen Gruppen, z. B. der Veresterung von Hydroxyl- und Carboxylgruppen und
2. durch Reaktion der Derivate dieser Gruppen, z. B. der Ester und der
Säurehalogenide.
   So entstehen die Polyäther durch Abspaltung von Wasser aus den
Molekülen des Glykols und ähnlicher hydroxylgruppenhaltiger Verbindungen:

$$x[HO(CH_2)_n OH] \rightleftharpoons HO[(CH_2)_n O]H + (x-1)H_2O$$

oder durch Kondensation von Dihalogeniden mit Glykolen

$$x[ClCH_2 CH_2 Cl] + x[HOCH_2 CH_2 OH] \rightleftharpoons [-OCH_2 CH_2 -]_{2x} + 2xHCl.$$

Trotz der Verschiedenartigkeit der chemischen Reaktionen ist allen
Polykondensationen der Gleichgewichtscharakter und die reversible
Durchführung der jeweils zugrunde liegenden Reaktion gemeinsam. Alle
diese Reaktionen sind Wechselwirkungen zwischen zwei funktionellen
Gruppen, die an verschiedenen Molekülen sitzen, unter Abspaltung eines
niedermolekularen Reaktionsproduktes und der gleichzeitigen Entstehung einer neuen Verbindung, die allmählich zu Makromolekülen
wächst. Im Gegensatz zur Polymerisation bietet diese Eigenart der Polykondensation die Möglichkeit, sie in einem beliebigen Stadium anzuhal-
ten oder beliebig weiterzuführen.

In der Praxis werden alle Polykondensationen in Anwesenheit von Katalysatoren durchgeführt, welche auf den Verlauf und die Geschwindigkeit der Kondensation einwirken. So erfolgt die Synthese von Polyestern aus Dicarbonsäuren und Glykolen in Gegenwart von Metalloxiden oder metallorganischen Verbindungen, diejenige von Dihalogeniden und Benzol mit Aluminiumchlorid. Auch die Polykondensation von Harnstoff mit Formaldehyd wird stets von Säuren oder Laugen gesteuert. Ebenso wird oft in Anwesenheit von Phosphorsäure, Oxiden der Seltenerdmetalle, Benzidin oder Chloriden polykondensiert.

Während die Polykondensation von bifunktionellen Molekülen zu linearen Makromolekülen mit guter Löslichkeit und Schmelzbarkeit führt, ergibt die Anwesenheit einer geringen Menge von trifunktionellen Molekülen verzweigte Makromolekülketten unter Erhaltung der Löslichkeit und Schmelzbarkeit. Gelangen jedoch tri- oder höherfunktionelle Moleküle als eine Komponente zur Polykondensation, so bilden sich dreidimensionale Vernetzungen aus, wobei die Löslichkeit und Schmelzbarkeit verloren geht. Im Grenzfall bildet das gesamte Polykondensat ein riesiges, dreidimensionales Makromolekül. Hier kann nur der *Glasumwandlungspunkt* als charakteristische Kenngröße herangezogen werden.

Als Beispiel hierfür kann die Polykondensation des bifunktionellen Phthalsäureanhydrids mit dem trifunktionellen Glyzerin zu Glyptalharz dienen. Obwohl die dreidimensionale Polykondensation grundsätzlich den gleichen Gesetzmäßigkeiten unterliegt, die für den linearen Verlauf der Polykondensation gelten, tritt der Einfluß des abgespaltenen Wassers und damit die Notwendigkeit seiner restlosen Entfernung zurück. Dafür gewinnt die Reaktionsfähigkeit und die chemische Eigenart der funktionellen Gruppen an Bedeutung, weil es bei der Vernetzung nie zu einer Erschöpfung dieser Gruppen kommt. So reagiert das bifunktionelle Formaldehyd schnell mit dem trifunktionellen Resorcin, langsamer mit m-Kresol und noch langsamer mit Phenol.

Gewöhnlich durchläuft die dreidimensionale Polykondensation zwei unterschiedliche Reaktionsstufen. In der ersten entsteht unter milden Bedingungen ein verhältnismäßig niedermolekulares, in der Wärme lösliches Kondensat, das erst bei höherer Temperatur in der zweiten Stufe in das unlösliche, dreidimensionale Polykondensat übergeht.

Die *Polyaddition* unterscheidet sich von der Polykondensation durch das Ausbleiben einer Abspaltung von niedermolekularen Reaktionsprodukten. Hier erfolgt die Verknüpfung der Grundmoleküle durch Wanderung des Wasserstoffatoms eines Moleküls an ein anderes unter Änderung von Hauptvalenzbindungen zu Makromolekülen.

Besonders Formaldehyd eignet sich für die Polyaddition, da es mit Wasser Dioxymethan ergibt, das nun eine unbegrenzte Zahl Moleküle

Formaldehyd unter Wasserstoffwanderung zu Polyoxymethylen anlagert:

$$H_2C=O + HOH \rightarrow HO-CH_2-OH + [H_2C=O]_x \rightarrow$$
$$\rightarrow HO-CH_2-O[-H_2C-O-]_x CH_2OH$$

Ebenso können sich durch Wanderung des Wasserstoffatoms sechs Moleküle Formaldehyd zu einem Molekül Traubenzucker, einer Aldose, addieren.

Im technischen Maßstab wird die Polyaddition zur Synthese der Polyurethane eingesetzt durch Anlagerung von Glykolen an Diisocyanate, bei der je ein Wasserstoffatom des Glykols an das Stickstoffatom des Diisocyanats wandert. Die durch Polyaddition von Diiso-.. cyanaten und Dicarbonsäuren entstehenden Polyaddukte spalten gleichzeitig CO_2 ab, weshalb sie besonders für die Schaumstoffherstellung geeignet sind:

Schließlich entsteht das bekannte Polyurethan durch Polyaddition von Hexandiisocyanat und 1,4-Butandiol. Trotz großer Unterschiede in den Eigenschaften ist dieses Polyaddukt isomer mit dem Nylon 6 und Nylon 6.6.

Auch die Reaktion der Epoxidverbindungen mit Aminen, Alkoholen und Säureanhydriden stellen Polyadditionen dar. Nach dem allgemeinen Schema entstehen bereits in der ersten Reaktionsstufe HO-Gruppen, die mit weiteren Epoxidgruppen reagieren, so daß die als Härter zugesetzten Amine oder Anhydride in geringerer Menge als im Molverhältnis 1 : 1 zugegeben werden können. Die entstandenen Epoxidharze besitzen als Lacke, Klebstoffe und Gießmassen großes technisches Interesse, denn durch Polyaddition von mehrfunktionellen Epoxiden und entsprechenden Härtern entstehen stark vernetzte Kunststoffe mit unterschiedlichen Eigenschaften.

Grundsätzlich ähnelt der Reaktionsmechanismus der Polyaddition dem der Polykondensation, indem die einzelnen Reaktionsschritte, die alternierende Addition der Partner unter Wanderung von Wasserstoffatomen, als Stufenreaktionen unabhängig voneinander erfolgen. Die entstandenen oligomeren und höhermolekularen Verbindungen besitzen Endgruppen mit der gleichen Reaktionsfähigkeit wie die eingesetzten Grundmoleküle.

Mit der fortschreitenden Polyaddition wächst das Durchschnittsmolekulargewicht, bis eine Ausgangskomponente verbraucht ist und die noch reaktionsfähigen Endgruppen keine Partner mehr finden. Dann ist das Kettenwachstum beendet, ohne daß ein Gleichgewicht zu erwarten ist. Die Polyaddition kann auch in Lösungsmitteln erfolgen, wobei hochsiedenden Lösungsmitteln infolge der stark exothermen Reaktionen der Vorzug zu geben ist. Im Gegensatz zur Polymerisation mit der Verknüpfung der Moleküle über die Kohlenstoffatome erfolgt die Polyaddition stets über Heteroatome wie Stickstoff oder Sauerstoff.

In besonderen Fällen werden die Arten der Synthese von Makromolekülen miteinander kombiniert. Hierzu werden Monomere mit zwei verschiedenen reaktionsfähigen Gruppen eingesetzt, die nach unterschiedlichen Polyreaktionen zu Makromolekülen wachsen. So entstehen nach der Polykondensation von ungesättigten Polyestern durch anschließende Copolymerisation mit Styrol die vernetzten Polyesterharze. Ein weiteres Beispiel bietet der Acrylsäureglycidester

$$CH_2 = CH-CO-O-CH_2-CH-CH_2,$$

der erst an der Doppelbindung der Acrylsäure polymerisiert und anschließend an den Epoxidgruppen weiterpolymerisiert oder mit anderen bifunktionellen Verbindungen, Diaminen oder Dicarbonsäuren, eine Polyaddition eingeht.

3.4 Zustandsformen

Wie bei den niedermolekularen Verbindungen sind auch in den Makromolekülen die Atome und Atomgruppen durch Hauptvalenzbindungen verbunden. Damit gelten für beide Arten die gleichen Reaktionsmechanismen und Gesetzmäßigkeiten. Nur werden bei den Makromolekülen durch die valenzmäßige Verknüpfung einer großen Zahl von Grundmolekülen zu einem Makrovalenzgerüst außer dem gasförmigen, flüssigen oder kristallinen Zustand noch andere *Zustandsformen* möglich, der amorph-glasige, der kautschukelastische und der plastische Zustand.

Durch schnelles Abkühlen der Schmelze lassen sich alle zu einer Kristallisation befähigten Makromoleküle in den weitgehend *amorphglasigen Zustand* überführen. Beim Erwärmen eines derartigen amorphen Körpers treten bei einer für jede Substanz charakteristischen Temperatur, dem *Glasumwandlungspunkt* T_G als Umwandlung zweiter Ordnung, deutliche Änderungen in den Eigenschaften auf. So wird der Ausdehnungskoeffizient größer und die mit dem Dilatometer aufgenommene Volumen-Temperatur-Kurve weist einen Knick auf. Der Wärmeinhalt wird plötzlich größer wie im Schmelzbereich. Als Beispiel zeigt die Abb. 15 das Thermogramm eines Nylon 6. Oberhalb des T_G werden

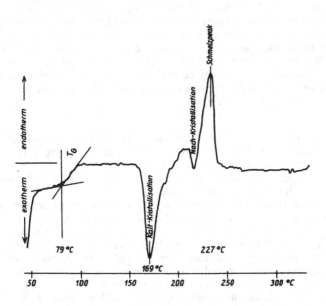

Abb. 15: Mit dem Differential-Scanning-Calorimeter aufgenommenes Thermogramm von Nylon 6, das den Glasumwandlungspunkt T_G, die exotherme Kristallisation der amorphen Anteile und das endotherme Schmelzen aller kristallinen Anteile zeigt.

die anfangs harten Substanzen weicher, kautschukelastisch oder plastisch. Ebenso kann man eine makromolekulare Substanz durch langsames Abkühlen aus dem kautschukelastischen in den spröden Zustand überführen und dabei unter bestimmten Bedingungen den Sprödigkeits- oder „Brittle"-Punkt ermitteln. Nach anderen Verfahren wieder wird die Änderung der mechanischen Dämpfung oder des Elastizitätsmoduls zur Bestimmung des T_G herangezogen.

Der zuerst am Kautschuk beobachtete *kautschukelastische Zustand* tritt bei allen synthetischen Makromolekülen auf. Er ist durch eine hohe reversible Dehnbarkeit bei nur geringem Elastizitätsmodul charakterisiert. In diesem Bereich schmelzen nur die Nebenvalenzbindungen auf, so daß ein Aggregatzustand entsteht, der eine Mittelstellung zwischen dem festen und dem geschmolzenen Zustand einnimmt.

Die Elastizität der Makromoleküle beruht auf thermischen Bewegungen von Kettenteilen, den Segmenten, der gestreckten Hauptvalenzketten. Damit diese Elastizität wirksam werden kann, müssen sich die Segmente benachbarter Ketten aneinander vorbeischieben lassen, wobei jedes Segment durch Hauptvalenz mit zwei Nachbarn zu kettenförmigen Molekülen verknüpft ist. Bei genügender Länge sind diese Makromolekülketten ineinander verschlungen und können nicht voneinander abgleiten. Daher kehren die elastischen Makromoleküle nach dem Aufhören der äußeren Krafteinwirkung in ihre Ausgangsform zurück. Am besten wird das Gefüge der miteinander verfilzten Makromoleküle noch durch anwesende Brückenbindungen geschützt. Durch diese Brücken bilden alle Makromoleküle ein weitmaschiges Riesenmolekül, das sich vorübergehend dehnen läßt, also elastisch ist.

Überschreitet die Zahl der dreidimensionalen Netzstellen im Gefüge einen gewissen Grenzbetrag, so geht die Gleitfähigkeit der Segmente an den Nachbarn durch die eingetretene Verfestigung verloren und der Körper büßt seine Elastizität ein. Wird z. B. Kautschuk mit 40% Schwefel vulkanisiert, dann entsteht ein Hartgummi.

Eine Anzahl makromolekularer Stoffe kann bis zu einer bestimmten Reißgrenze gedehnt werden, ohne in den Ausgangszustand zurückzufedern. Diese Verstreckung erfolgt am Faden der Seidenraupe, wenn dieser Faden durch Krafteinwirkung infolge Parallellagerung der Kettenmoleküle in den weitgehend kristallinen Zustand übergeht, ebenso an Polyamid-, Polyester- und Hydratcellulosefasern. Die ungeordneten, weitgehend amorphen Makromoleküle bilden bei der Verstreckung kristalline Bereiche aus, die eine höhere Reißfestigkeit bewirken. Erst bei einer Überbeanspruchung zerreissen die Fasern. Nur in den Fällen, in denen trotz Parallellagerung infolge einer Wärme- oder Weichmacherwirkung keine kristallinen Bereiche entstehen, kann noch irreversibel weiter verstreckt werden, weil dann eine plastische Deformation eintritt.

Bei starker Temperaturerhöhung lassen sich die linearen, fadenförmigen Makromoleküle deformieren. Sie beginnen zu fließen, obwohl ein gewisser Betrag der Kautschukelastizität erhalten bleibt. Damit ist der *plastische Zustand* erreicht. In einer polymerhomologen Reihe steigt die Temperatur, bei welcher die Plastizität einsetzt, proportional mit dem Molekulargewicht an. Die plastischen und elastischen Erscheinungen überlagern sich, wobei mit zunehmender plastischer Erweichung die Elastizität zurückgeht.

Schließlich bewirkt die weitere Temperaturerhöhung ein *Schmelzen* der fadenförmigen Makromoleküle. Jetzt werden die Kettenglieder, die Segmente, beweglicher, während die Hauptvalenzbindungen entlang der Kettenachse erhalten bleiben. Damit ist das Schmelzen hauptsächlich ein zweidimensionaler Vorgang und beim anschließenden Abkühlen der langen Ketten können sich nur Teile zu kristallinen Bereichen zusammenlagern, während andere Teile amorph bleiben. Die Glieder am Anfang, Mitte und Ende einer Kette liegen soweit auseinander, daß sie unabhängig von einander kristallisieren und schmelzen. Ebenso kann eine Molekülkette durch mehrere kristalline Bereiche hindurchreichen.
Jede Kristallisation ist also unvollständig. Auch erfolgt das Schmelzen nicht bei einer scharf definierten Temperatur sondern stets innerhalb eines gewissen Schmelzbereiches.

Infolge der Vielfalt der Aufbaumöglichkeiten der Makromoleküle kann kein physikalisch definierter Begriff für die inneren Strukturen der Kunststoffe geschaffen werden, zumal oft Übergänge und Überlagerungen auftreten. Es handelt sich hier um typisch kolloide Strukturen von Molekülen kolloider Größenordnung, die stets kolloide Lösungen ergeben.
Bei der valenzmäßigen Verknüpfung der Grundbausteine zu Makromolekülen bestehen drei Möglichkeiten der Anordnung. Eine Möglichkeit ist die Aneinanderlagerung der Grundmoleküle zu linearen faden- oder kettenförmigen Gebilden, oder der Ausbildung von zweidimensionalen flächenartigen, blättchenförmigen Gebilden und schließlich der dreidimensionalen Verknüpfung zu annähernd kugelförmigen Sphärokolloiden. Sieht man von den wenigen Ausnahmen der flächenartigen Systeme ab, so bestehen alle Kunststoffe aus fadenförmigen oder dreidimensional vernetzten Makromolekülen.
Zur Konstitutionsaufklärung eines makromolekularen Stoffes muß man zuerst die Grundbausteine erforschen, aus denen er aufgebaut ist. Bei den synthetischen Makromolekülen ergeben sich die Grundbausteine meist aus den Ausgangsstoffen, die als Monomere eingesetzt werden. Dagegen ist diese Erforschung bei den natürlichen Makromolekülen oft schwierig, wenn z. B. in den Polypeptiden verschiedene Aminosäuren auf unterschiedliche Art verknüpft sind. Hier muß zusätzlich die Art der Verknüpfung untersucht werden.

Als nächstes muß die Zahl der Grundbausteine in einem Makromolekül ermittelt werden. Das ist der *Polymerisationsgrad.* Das Produkt aus dem Grundbaustein und Polymerisationsgrad ergibt dann das *Molekulargewich* Allerdings stellt jeder makromolekulare Stoff das Gemisch einer verschiedenen Anzahl verknüpfter Grundbausteine dar, so daß der Polymerisation grad und damit auch das Molekulargewicht nur einen Durchschnittswert ergeben. Daher spricht man von einem *Durchschnittspolymerisationsgrad DP* oder einem *Durchschnittsmolekulargewicht $\overline{M}$.*

Selbst wenn zwei makromolekulare Stoffe aus gleichen Grundbausteinen das gleiche Durchschnittsmolekulargewicht ergeben, können sie sich in ihren Eigenschaften unterscheiden, weil in dem einen Stoff die einzelnen Makromoleküle nahezu das gleiche Molekulargewicht besitzen und in dem anderen Stoff ein Gemisch sehr unterschiedlicher Molekulargewichte den gleichen Durchschnittswert ergeben. Man muß also zusätzlich die *Molekulargewichtsverteilung* kennen.

Außerdem üben die für jedes Makromolekül charakteristischen Endgruppen einen Einfluß auf die Eigenschaften aus, wie auch durch Nebenreaktionen eingebaute Fremdgruppen diese Eigenschaften beeinflussen. Damit sind für die Konstitutionsaufklärung die folgenden Daten erforderlich:

1. Art der Grundbausteine,
2. Verknüpfung der Grundbausteine,
3. Endgruppen,
4. Fremdgruppen,
5. Durchschnittsmolekulargewicht und
6. Molekulargewichtsverteilung.

Während bei den Polykondensaten und Polyaddukten die Verknüpfung der Grundbausteine meist durch die Konstitution und die Eigenart der funktionellen Gruppen zu erklären ist, können bei einer Polymerisation sich die Monomeren, z. B. die Vinylverbindungen, auf verschiedene Art zusammenlagern:

1. durch regelmäßige Kopf-Schwanz-Anordnung,
2. durch regelmäßige Kopf-Schwanz-Schwanz-Kopf-Anordnung und
3. durch unregelmäßige Anordnung der beiden Arten.

Die Aufklärung derartiger Konstitutionen kann nur durch zusätzliche chemische Reaktionen erfolgen.

Ebenso kann durch Anwesenheit bestimmter Katalysatoren eine stereospezifische Polymerisation, z. B. der α-Olefine, erfolgt sein zu:

1. *Isotaktischen Polymeren* mit regelmäßiger Wiederholung der Monomeren mit einem Kohlenstoffatom gleicher sterischer Konfiguration,
2. *Syndiotaktischen Polymeren* mit regemäßigen Folgen von Monomeren, bei denen jedes zweite Kohlenstoffatom der Kette eine entgegengesetzte Konfiguration besitzt, und
3. *Ataktischen Polymeren* ohne Regelmäßigkeiten in der Folge sterischer Konfigurationen, der Normalfall.

Die sterische Konfiguration übt einen großen Einfluß auf die Eigenschaften der Polymerisate aus. So weist das nach der anionischen Radikalkettenpolymerisation hergestellte isotaktische Polystyrol mit seiner hohen Kristallinität eine Schmelzpunkt von 230 °C auf, während das nach den üblichen Verfahren gewonnene Polystyrol bereits bei 80 bis 90 °C erweicht.

Bei den Copolymerisaten übt die Reihenfolge der Monomeren einen großen Einfluß auf die Eigenschaften aus. Im allgemeinen ist eine statistische Verteilung der Monomeren in den Molekülketten in Abhängigkeit von dem Konzentrationsverhältnis während der Copolymerisation zu erwarten. Dagegen bestehen die Blockpolymerisate aus langen Reihen von jeweils den gleichen Monomeren, ehe die Molekülkette mit einer Reihe aus dem anderen Monomeren fortgesetzt wird. In den Pfropfpolymerisaten wieder bildet das eine Monomere die Molekülkette, während das andere Monomere die kettenförmigen Verzweigungen ergibt.

Nach der Ermittlung der Grundbausteine und der Art ihrer Verknüpfung zu Makromolekülen sind als nächstes die *Endgruppen* von Interesse. Bei den Polykondensaten und Polyaddukten entsprechen die Endgruppen den funktionellen Gruppen der Grundbausteine, die nicht reagiert haben. So können die Makromoleküle eines Polyesters aus einer Dicarbonsäure und einem Dialkohol als Endgruppen entweder zwei Carboxylgruppen, zwei Hydroxylgruppen oder je eine dieser Gruppen enthalten. Dieser Endgruppengehalt wird durch sorgfältige Titration bestimmt.

In den Polymerisaten sind dagegen die Endgruppen weitaus schwieriger zu ermitteln, weil die Reaktion in Stufen erfolgt mit einer Start-, Wachstums- und Abbruchreaktion, die verschiedene Endgruppen ausbilden. Erfolgen außerdem während der Polymerisation noch *Übertragungsreaktionen,* die Verzweigungen entstehen lassen, dann wird die Frage nach den Endgruppen und ihrer Bestimmung zu einem Problem.

Enthalten die Grundbausteine Verunreinigungen oder treten Nebenreaktionen auf, so können Fremdgruppen in die entstehenden Makromolekülketten eingebaut werden, welche die Eigenschaften des Endproduktes meist in einem unerwünschten Sinn beeinflussen. Bei der Polymerisation des Acrylnitrils stört bereits die Anwesenheit von 0,01% Divinylacetylen als Verunreinigung. Ebenso gehen die Dicarbonsäuren bei der Kondensation leicht in trifunktionelle Ketocarbonsäuren über, die zu Verzweigungen Anlaß geben.

Mit steigender Konzentration an fertig polymerisierten Makromolekülen nimmt außerdem die Wahrscheinlichkeit des Auftretens von Übertragungsreaktionen zu, die Verzweigungen ausbilden. Auch die Reaktionsbedingungen, Temperatur und Katalysator, können das Auftreten von Verzweigungen beeinflussen. Z. B. finden bei der Hochdruckpolymerisation des Polyäthylens mehr Übertragungsreaktionen statt mit Bildung von Verzweigungen als bei der Niederdruckpolymerisation. Hier gibt die *Übertragungskonstante* Auskunft, auf wieviel polymerisierende Moleküle ein Molekül mit Übertragungsreaktion kommt. Ferner ist die Kenntnis der Länge von Verzweigungen wichtig. Kurzkettenverzweigungen beeinflussen die Kristallinität mit den hierdurch bedingten Eigenschaften wie Löslichkeit und Festigkeit, während die Langkettenverzweigungen vor allem auf das Fließverhalten einwirken. In den meisten Fällen ist es nun möglich, durch Temperaturänderung die Zahl der Kurzkettenverzweigungen, durch Änderung der Konzentration die Zahl der Langkettenverzweigungen und damit das Verhältnis dieser beiden Arten in einem gewünschten Sinn zu beeinflussen. Allerdings ist die experimentelle Bestimmung der Art und Zahl von Verzweigungen noch schwierig.

Vernetzte Makromoleküle erkennt man meist an ihrer Unlöslichkeit und Unschmelzbarkeit. In einzelnen Fällen zeigen sie eine begrenzte Quellung. Damit versagen die üblichen Methoden der Konstitutionsaufklärung. Die nur nach Zerstörung der dreidimensionalen Netzwerke gewonnenen Erkenntnisse lassen wohl Rückschlüsse auf die eingesetzten Monomeren zu, sagen jedoch nichts aus über die Maschenweite und Zahl der Vernetzungen. Man kann nur in jedem Einzelfall abschätzen, wann mit Vernetzungen zu rechnen ist.

Zur Erklärung der Eigenschaften von Makromolekülen als Moleküle von kolloiden Dimensionen genügt also nicht nur die Kenntnis der chemischen Zusammensetzung wie in der niedermolekularen Chemie, sondern es kommt als wichtiger Faktor die Anordnung der Molekülgruppen zu den kolloiden Dimensionen und die Anordnung der Moleküle zueinander hinzu. Hierbei unterscheidet man wieder zwischen einer Mikrostruktur als den räumlichen Anordnungen in zwischenmolekularen Abständen und einer Makrostruktur, der sogenannten *Textur,* als den räumlichen Anordnungen in einem größeren Bereich.

Weder die natürlichen noch die synthetischen makromolekularen Stoffe können in dem Zustand, in dem sie anfallen, dem vorherbestimmten Verwendungszweck zugeführt werden. Alle derartigen Stoffe durchlaufen noch mehrere Behandlungen, ehe sie als Endprodukte eingesetzt werden können. Am Beispiel der *Fasern* sollen nun die vielseitigen Verarbeitungs- und Anwendungsmöglichkeiten aufgezeigt werden.

Nach ihrem Ursprung unterteilt man die Fasern in drei Gruppen:
1. *Natürliche Fasern*
   mit den pflanzlichen Fasern Baumwolle, Hanf, Jute oder Sisal aus Cellulose,
   mit den anorganischen Fasern aus Asbest.
2. *Synthetische Fasern aus natürlichen makromolekularen Stoffen,*
   den Cellulosekunstfasern aus Viskose oder Kupferoxidammoniak, Celluloseacetat und andere Celluloseester,
   den Proteinfasern pflanzlichen oder tierischen Ursprungs und den anorganischen Glasfasern.
3. *Synthetische Fasern aus synthetischen makromolekularen Stoffen,*
   den Polyamiden, den Polyacryl-, Polyvinyl-, Polyvinyliden- und

Polyesterfasern.

Ein Teil dieser Fasern fällt als Stapelfaser an und muß erst zu endlosen Fäden versponnen werden, während andere, vor allem die synthetischen Fasern, direkt als Endlosgarn hergestellt werden, ehe sie zu Textilien verarbeitet werden. Mit größerem Querschnitt werden Monofilfäden für Strümpfe, Nähmaterial oder Angeldrähte hergestellt. In kurze Stücke geschnittene Monofilfäden wieder werden als Borsten zu Bürsten und Besen oder Fliesen verarbeitet.

Für die Identifizierung gibt die Morphologie der Fasern oft den ersten Hinweis, denn die beiden kleinen Dimensionen des Querschnitts und die große Dimension der Längsachse gestatten charakteristische Kräuselungen, Spiralanordnungen, einen konischen Verlauf, oder Schuppenbildung wie an der Oberfläche der Wolle. Im Gegensatz zu diesen Inhomogenitäten in der Längsrichtung zeigen vor allem die synthetischen Fasern Inhomogenitäten im Querschnitt, weil als Folge der Herstellungsbedingungen Unterschiede zwischen Mantel und Kern bestehen.

Außer dem *Fadenziehvermögen* stellt das *Filmbildungsvermögen* eine wichtige Eigenschaft bestimmter makromolekularer Stoffe dar. Vor allem die Verpackungsindustrie interessiert sich für derartige dünnwandige Filme und für etwas stärkere Folien, die Schutz vor Beschädigungen bieten sollen, aber auch den Ansprüchen der Konservierung und Hygiene bei Lebensmitteln genügen müssen.

Die Cellulosederivatfilme werden meist nach dem Gießverfahren hergestellt, während man heute die thermoplastischen Massen zum größten Teil nach dem Kalanderverfahren durch Walzen zwischen Zylindern, auch dem Ausstoßverfahren durch einen dünnen Spalt und nach dem Blasverfahren durch Ausstoßen von Röhren mit anschließendem Aufblasen verarbeitet. Die Wahl des Verfahrens richtet sich nach den vorgegebenen Stoffeigenschaften des betreffenden Thermoplasten und den von den Folien gewünschten Eigenschaften.

3.5 Makromoleküle in Lösung

Bei der wissenschaftlichen Erforschung und der technischen Anwendung kommt dem gelösten Zustand eine besondere Bedeutung zu. Die Wechselwirkung zwischen den Makromolekülen und den Lösungsmittelmolekülen beeinflußt die Eigenschaften aller makromolekularen Lösungen. Hierdurch ergibt sich eine große Mannigfaltigkeit, die man unter dem Begriff des guten oder schlechten Lösungsmittels zusammenfaßt.

Allerdings ist die Bezeichnung gut oder schlecht sehr relativ, denn die Beurteilung erfolgt meist nach den praktischen Bedürfnissen. So kann ein Lösungsmittel für eine Anwendung gut und für eine andere schlecht sein, je nachdem welche Eigenschaft getestet wird.

Nun gilt in der niedermolekularen Chemie dasjenige Lösungsmittel für eine Substanz als das beste, in dem die größte Menge aufgelöst wird, die Gleichgewichtskonzentration als den höchsten Wert erreicht. Dieses Merkmal kann jedoch nicht auf die makromolekulare Chemie übertragen werden, weil ein makromolekularer Stoff entweder in jedem Verhältnis sich mit den Lösungsmittelmolekülen mischt oder unlöslich ist.

Daher liegt es nahe, statt der Löslichkeit die *Fällbarkeit* als Kriterium heranzuziehen. Nach *Staudinger* und seiner Schule gilt dasjenige Lösungsmittel als das beste, dem die größte Menge eines Fällungsmittels zugesetzt werden muß, um die Makromoleküle auszufällen. Andere Autoren wieder messen die Geschwindigkeit der Auflösung. Auch die Viskosität der Lösung bildet ein Kriterium für die Güte eines Lösungsmittels. Nach den theoretischen Überlegungen ist das Lösungsmittel das beste mit der größten Viskositätserhöhung, während in der Praxis, z. B. beim Spinnen aus Lösung, dasjenige mit der geringsten Viskositätserhöhung das geeigneteste ist.

Eine einwandfreie Definition für die *Güte eines Lösungsmittels* ergibt die thermodynamische Charakterisierung durch osmotische Messungen und die viskosimetrische Charakterisierung. Beide Methoden gestatten einen differenzierten Einblick in die speziellen Wirkungen der einzelnen Lösungsmittel auf die Makromoleküle.

Da in den makromolekularen Lösungen der osmotische Druck nicht proportional mit der Konzentration zunimmt, muß das *Van't Hoff*sche Gesetz erweitert werden zu:

$$\frac{p}{c} = \frac{R \cdot T}{M} + B \cdot c$$

mit p dem osmotischen Druck, c der Konzentration, R der Gaskonstante, T der absoluten Temperatur, M dem Molekulargewicht und B dem 2. Virialkoeffizienten. Der 1. Virialkoeffizient $R \cdot T/M$ ist eine Größe, die nur vom gelösten Stoff abhängt, während B als der 2. Virialkoeffizient von der Wechselwirkung zwischen Makromolekülen und Lösungsmittelmolekülen beeinflußt wird und damit zur Charakterisierung der Lösungsmittel für eine makromolekulare Substanz geeignet ist.

Die erweiterte *Van't Hoff*sche Gleichung stellt eine lineare Beziehung zwischen dem reduzierten osmotischen Druck p/c und der Konzentration c dar. Trägt man also p/c gegen c auf, wie das Abb. 16 am Beispiel eines Polystyrols in verschiedenen Lösungsmitteln zeigt, so erhält man jeweils eine Gerade mit dem Ordinatenabschnitt $R \cdot T/M$ und der Neigung B. Alle Geraden schneiden die Ordinate in einem Punkt, weil der 1. Virialkoeffizient und damit das Molekulargewicht vom Lösungsmittel unabhängig ist. Die Neigung der Geraden dagegen zeigt für die einzelnen Lösungsmittel die thermodynamisch definierte, unterschiedliche Güte an, wobei der höchste Wert für B auf das beste Lösungsmittel deutet.

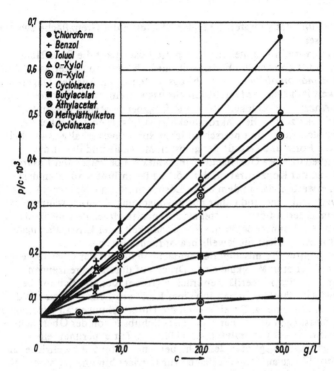

Abb. 16: Abhängigkeit des reduzierten osmotischen Drucks von der Konzentration für ein Polystyrol in verschiedenen Lösungsmitteln

Praktisch die gleiche Beurteilung der Güte von Lösungsmitteln erhält man aus der noch zu besprechenden Grenzviskositätszahl $Z\eta$ eines makromolekularen Stoffes in verschiedenen Lösungsmitteln, obwohl die Viskosität eine mechanisch-dynamische Größe darstellt.

Geht man von den verdünnten Systemen zu den konzentrierten Lösungen über, so müssen die osmotischen Messungen durch Dampfdruckmessungen ersetzt werden. Dann erhält man ohne grundsätzliche Schwierigkeiten eine exaktere Erklärung für die *Weichmacherwirkung.* Ein Stoff eignet sich umso besser, desto niedriger sein *B*-Wert ist, weil ein hoher *B*-Wert wie eine große Viskositätserhöhung eine versteifende Wirkung auf die Masse des makromolekularen Stoffes anzeigt. Bei einem zu niedrigen *B*-Wert wieder würde der Stoff ausgeschieden werden.

Für die spezielle Untersuchung des Lösungszustandes eignet sich vor allem eine klassische Methode, die für niedermolekulare Verbindungen direkte Angaben über die Größe des einzelnen Moleküls und für makromolekulare Stoffe über die Größe eines Grundbausteines liefert. Das ist die *Spreitung* des zu untersuchenden Stoffes in der Grenzfläche zwischen zwei Phasen.

Hierzu wird in den meisten Fällen die Lösung auf die Oberfläche einer an Luft grenzenden Flüssigkeit, meist Wasser, so aufgetragen, daß sich eine *monomolekulare Schicht* ausbreiten kann. Aus der Trägerflüssigkeit läßt sich der Platzbedarf für das einzelne Molekül berechnen, da die Anzahl der Moleküle aus der aufgegebenen Menge bekannt ist.

Auch hier zeigen die makromolekularen Lösungen gegenüber den niedermolekularen ein unterschiedliches Spreitungsverhalten, weil bei ihnen die Form und Gestalt der gelösten Moleküle und damit der Flächenbedarf eines Oberflächenfilms von dem betreffenden Lösungsmittel und der Konzentration der Lösung beeinflußt wird. Man darf hierbei erwarten, daß in dem einen Lösungsmittel die Makromoleküle stark verknäult sind und daher nur unvollständig spreiten, während sie in einem anderen Lösungsmittel als entknäulte Moleküle vollständig spreiten. Als Kenngröße für die Vollständigkeit oder Unvollständigkeit einer Spreitung dient die jeweils beanspruchte Fläche.

Infolge ihrer thermischen Bewegung üben die auf der Oberfläche A (area) gespreiteten Moleküle einen Druck auf die sie begrenzenden Ränder aus. Dieser Oberflächendruck F (force), der als „Schub" bezeichnet wird, hat die Dimension einer Kraft pro Länge, genau wie die Oberflächenspannung. Damit stellen die Untersuchungen an *Oberflächenfilmen* Messungen der Abhängigkeit des Schubs F von der Oberflächenkonzentration der gespreiteten Moleküle dar. Zur experimentellen Durchführung bewegt man den Schieber einer unter 2.3 beschriebenen *Langmuir*-Waage auf der Oberfläche zur Barriere hin und registriert die während der Oberflächenverkleinerung eintretende Auslenkung der Barriere. Der Schub F wird in dyn/cm und die Fläche A in nm^2 (1 nm = 10^{-9} m) berechnet.

Die Oberflächenfilme kann man nach ihrem Verhalten als im festen, flüssigen oder gasanalogen Zustand befindlich betrachten. Hinzu kommen noch Zwischenzustände, weil die Moleküle im Inneren einer Phase allseitig von artgleichen Molekülen umgeben sind, in der Grenzfläche jedoch an der Unterseite die Trägerflüssigkeit und an der Oberseite die Luft als artfremde Moleküle mit ihnen in Wechselwirkung treten.

Daher werden die *Oberflächenfilme* eingeteilt in:
1. starre Filme,
2. bewegliche Filme,
3. gedehnte Filme und
4. expansive Filme.

Die starren und die beweglichen Filme sind als kondensierte Filme zu betrachten. Nur sind die Moleküle in starren Filmen eng gepackt und wenig beweglich, während in den beweglichen Filmen die einzelnen Moleküle noch durch sekundäre Kräfte gebunden sind und damit einen höheren Platzbedarf haben. Das Verhalten der expansiven Filme entspricht weitgehend dem eines Gases, weil die Moleküle sich frei auf der

Oberfläche bewegen und mit ihrer Längsachse in der Oberfläche liegen. Die Zwischenform zwischen den beweglichen und den expansiven Filmen stellen die gedehnten Filme dar.

Die vor allem an niedermolekularen Verbindungen gewonnenen Erkenntnisse über die Eigenschaften von Oberflächenfilmen gelten ebenso für die makromolekularen Stoffe. So lassen sich parallel zu den makroskopischen Eigenschaften auch die *Oberflächenfilme* von makromolekularen Stoffen einteilen:

1. Amorphe, weiche Makromoleküle geben stabile, flüssige Filme, die sich erst bei hohen Schubwerten verfestigen, z. B. Polyvinylacetat, Celluloseäther.
2. Amorphe, spröde Makromoleküle geben zusammenhängende, instabile Filme, die sich schon bei geringen Schubwerten (bis zu 10 dyn/cm) verfestigen, z. B. Polymethacrylat.
3. Teilkristalline Makromoleküle mit schwachen hydrophilen Gruppen spreiten schlecht und geben instabile, feste Filme, z. B. Celluloseacetat, Polyamid.
4. Teilkristalline Makromoleküle mit starken hydrophilen Gruppen spreiten spontan auch aus dem festen Zustand und geben flüssige Filme, die schon bei sehr niedrigen Schubwerten (bis zu 5 dyn/cm) kollabieren, z. B. Polyvinylalkohol und Polymethacrylsäure auf sauren Trägerflüssigkeiten.

Experimentell bedeutet die Untersuchung des Lösungsmitteleinflusses auf das Spreitungsverhalten von makromolekularen Stoffen und damit des Lösungszustandes eine Auswertung der mit einer registrierenden *Langmuir*-Waage aufgenommenen *Schub-Flächen-Isotherme* mit den charakteristischen Meßpunkten, wie die Abb. 17 am Beispiel von

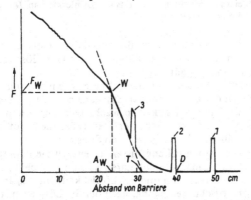

Abb. 17: Charakteristische Schub-Flächen-Isotherme eines Cellulosetriacetats. *D* Dichtpunkt, *W* Wendepunkt, *T* Tangentenpunkt, *F* Schub, F_W Schubwert des Wendepunkts, 1, 2 und 3 Markierung des Abstandes von der Barriere, A_W Flächenwert des Wendepunkts.

Cellulosetriacetat zeigt. In dem Konzentrationsbereich von 0,01 bis 0,1% ist der Flächenwert des Cellulosetriacetat für Chloroform, Chloroform-Methanol 9:1, Tetrachloräthan, Dichlormethan und Dichlormethan-Methanol 9:1 in Volumenanteilen als Lösungsmittel konstant. Dagegen sinkt der Flächenwert des Wendepunkts A_W ab, sobald die Konzentration höher als 0,1% ist. In Abb. 18 sind diese Flächenwerte in Abhängigkeit von der Konzentration dargestellt.

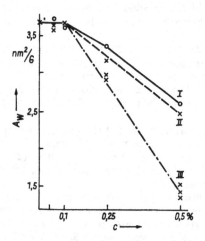

Abb. 18: Abhängigkeit der Flächenwerte A_W des Wendepunkts von der Konzentration eines gespreiteten Triacetats in *I* Dichlormethan, *II* Chloroform, *III* Dichlormethan-Methanol 9:1

Als allgemeine Voraussetzung für das Spreiten zu monomolekularen Oberflächenfilmen auf einer Trägerflüssigkeit, die keine lösenden Eigenschaften haben darf, gilt:
1. daß der Spreitungsvorgang mit einem Energiegewinn verbunden ist,
2. daß das Molekül der zu spreitenden Substanz polare Gruppen enthält, die mit der Trägerflüssigkeit in Wechselwirkung treten, und
3. daß die Adhäsion zur Oberfläche der Trägerflüssigkeit größer sein muß als die Kohäsion der aufgegebenen Substanz.

Mit den so gewonnenen Erkenntnissen lassen sich die Bedingungen für die Auflösung einer makromolekularen Substanz abschätzen, die Zugänglichkeit, die Solvatation und die Löslichkeit. Die Zugänglichkeit ist eine rein geometrische Bedingung, nach der die Lösungsmittelmoleküle in die zum Innern des Festkörpers führenden Hohlräume eindringen können. Für eine Solvatation sind größere Kräfte zwischen den Lösungsmittelmolekülen und den zu lösenden Molekülen als zwischen gleichartigen Molekülen erforderlich, damit die Lösungsmittelmoleküle die Nebenvalenzkräfte in dem makromolekularen Stoff überwinden können. Die Löslichkeit schließlich setzt geeignete energetische und entropische Verhältnisse voraus, damit die solvatisierten Makromoleküle sich in dem Flüssigkeitsvolumen gleichmäßig verteilen können.

Nach dem Lösungsvorgang liegen die linearen Makromoleküle selbst in stark verdünnten Lösungen als Knäuel vor. Die Gestalt dieser Knäuel hängt sowohl von der Konstitution der Fadenmoleküle als auch vom Lösungsmittel ab. Gute Lösungsmittel werden die Knäule stark aufweiten und strecken, weil eine starke Wechselwirkung zwischen Lösungsmittelmolekülen und Makromolekülen vorhanden ist, die für eine gute Solvatation und Versteifung des Molekülfadens sorgt. Hierbei ist auf die Konzentration zu achten, denn die Makromoleküle liegen nur dann als Einzelmoleküle in Lösung vor, wenn das Volumen der Lösung größer ist als die Summe der Wirkungsbereiche aller gelösten Makromoleküle, die Grenzkonzentration nach *Staudinger* also nicht überschritten wird.

Die mit einem Nichtlöser versetzten Lösungen der Makromoleküle stellen Dreikomponentensysteme dar. Hier kann man zwischen zwei charakteristischen Eigenarten unterscheiden:

1. Durch die Verdünnung des Lösungsmittels mit einem Nichtlöser gelangen weniger Lösungsmittelmoleküle an die Makromoleküle. Hierdurch wird der Lösevorgang verzögert, die Solvatation geringer und die Makromoleküle bleiben stärker verknäult. Beim Überschreiten einer gewissen Verdünnung erfolgt die Ausfällung der Makromoleküle.
2. Infolge einer Entassoziierung des Lösungsmittels durch den Nichtlöser gelangen mehr lösungsaktive Lösungsmittelmoleküle an die Makromoleküle. Hierdurch wird die Solvatation begünstigt und die Molekülknäuel aufgeweitet.

Im ersten Fall erfolgt eine Abnahme der Viskosität und im zweiten Fall eine Zunahme. Mit diesen Erkenntnissen lassen sich nun die Ergebnisse von Spreitungsmessungen gut deuten.

Zur Untersuchung des *Fließverhaltens* der organischen Kolloide geht man am besten vom Verhalten in der ruhenden Lösung aus. In diesem Zustand besitzen die fadenförmigen Makromoleküle, z.B. Cellulosederivate oder Polystyrol, infolge der Valenzwinkelung der Kette und infolge der teilweise freien Drehbarkeit sehr verschiedene, energetisch gleichwertige Konstellationen. Damit ergeben sich in der ruhenden Lösung die verschiedensten Konstellationen nebeneinander, die im steten Wechsel ineinander übergehen. Aus rein statistischen Gründen treten dabei gewisse äußere Abmessungen der entstehenden Knäulformen häufiger und andere seltener auf.

Wird in dieser Lösung eine Strömung erzeugt, so ändern sich diese Knäuelformen, indem die Gestalt der Fadenmoleküle von der mittleren Gestalt in ruhender Lösung mehr oder weniger abweicht. Die zu erwartende Änderung der Gestalt wird in einer teilweisen Entknäuelung bestehen. Dabei ist bekannt, daß:

1. der Schwerpunkt des Fadenmoleküls sich mit der strömenden Flüssigkeit fortbewegt,
2. dieser Translation sich eine dauernde Richtungsänderung der Molekülachse überlagert und
3. die jedes Molekül umgebende Flüssigkeit längs der Molekülachse vorbeiströmt.

Diese Relativbewegung der umgebenden Flüssigkeit zu den Teilchen der Fadenmoleküle veranlaßt eine Streckung und damit eine Entknäuelung oder Zusammenstauchung. Trotz dieser qualitativ einfachen Überlegungen gelingen quantitative Ansätze für die Entknäuelung nur in wenigen Fällen. Daher geht man zur Behandlung dieses Problems von den Grenzfällen aus, dem *völlig durchspülten Faden* und dem *undurchspülten Knäuel.*

Je nachdem, ob es sich um einen gebogenen Faden handelt, zwischen dessen Teilen die umgebende Flüssigkeit frei hindurchströmt, der völlig durchströmte Faden, oder ob es sich um ein stark verfilztes Knäuel handelt, bei dem das zwischen den Teilen des netzartig verhakten Körpers befindliche Lösungsmittel immobilisiert ist, das undurchspülte Knäuel, wird die Relativbewegung sehr unterschiedlich geschehen. Im Fall des völlig durchspülten Fadens ist die auf jeden Teil des Fadens wirkende Kraft proportional der Relativgeschwindigkeit des betreffenden Fadenteils zu der ihn umgebenden Flüssigkeit. Im undurchspülten Knäuel dagegen kann nur die äußere Knäuelform als ganzes dem Zug oder Druck durch die umgebende Flüssigkeit ausgesetzt sein. Jeder dieser Extremfälle kann verwirklicht sein und muß für sich betrachtet werden.

Für die Praxis sind nun die Kriterien wichtig, aus denen man erkennt, welchem Grenzfall ein vorliegendes System nahe steht. Hierzu eignen sich alle Meßmethoden, die Erscheinungen an Lösungen erfassen, z. B. Viskosität, Strömungsdoppelbrechung, Sedimentationsgeschwindigkeit im Schwerefeld der Ultrazentrifuge oder Diffusionskonstante.

So hat das nicht durchspülte Knäuel eine proportional der Quadratwurzel des Molekulargewichts ansteigende, der völlig durchströmte Faden eine vom Molekulargewicht unabhängige Absinkgeschwindigkeit im Schwerefeld der Ultrazentrifuge. In einer polymerhomologen Reihe von durchspülten Fadenmolekülen ist die Diffusionskonstante umgekehrt proportional dem Molekulargewicht, während bei den undurchspülten Knäueln die Diffusionskonstante umgekehrt proportional der Quadratwurzel aus dem Molekulargewicht ist.

Allgemein ist zu erwarten, daß völlig durchspülte Fadenmoleküle vorwiegend auftreten, wenn das Molekulargewicht nicht sehr hoch ist. Außerdem wird die völlige Durchspülung vor allem bei verhältnismäßig steifen Fadenmolekülen auftreten, deren Valenzwinkel, unter dem sich die Kettenglieder aneinanderfügen, nicht viel von 180° abweicht.

Das von *Staudinger* empirisch gefundene *Viskositätsgesetz*

$$\left[\frac{\eta_{sp}}{c}\right]_{c=0} = K_m \cdot M$$

gilt genau für statistisch geknäuelte, völlig durchströmte Fadenmoleküle, also für nicht zu hohe Molekulargewichte. Beim Übergang zu höheren Molekulargewichten erfolgt auch der Übergang zum undurchspülten Knäuel. Dieser Vorgang äußert sich in der Viskosität, denn η_{sp}/c steigt beim Fortschreiten in einer polymerhomologen Reihe proportional $M^{0,5}$ an, oder unter Berücksichtigung einer Raumbeanspruchung durch die einzelnen Kettenglieder, proportional $M^{0,6}$ bis $M^{0,9}$. Somit gilt das Viskositätsgesetz im Bereich hoher Molekulargewichte nur annähernd. Dagegen ist K_m eine echte Proportionalitätskonstante, die ausschließlich von den Eigenschaften der statistischen Fadenelemente und nicht von deren Zahl abhängt und damit für eine polymerhomologe Reihe konstant bleibt. Die linke Seite der Gleichung bezeichnet man als *Staudinger*-Index, *Grenzviskositätszahl* oder intrinsic viscosity.

Das Verhalten eines Systems in der Strömung kann man von zwei Gesichtspunkten aus betrachten. Nach dem einen begnügt man sich mit einer makroskopischen, phänomenologischen Beschreibung, so daß eine empirische Beziehung zwischen einer gemessenen Änderung und den Dimensionen des verwendeten Meßgerätes aufgestellt werden kann. Oder man stellt bei einer gegebenen Strömung das Verhalten mit Hilfe von phänomenologischen Größen wie Elastizitäts- oder Viskositätskoeffizienten als Funktion der mechanischen Parameter des Fließens fest. Von diesen Betrachtungen aus werden alle Klassifikationsversuche der rheologischen Phänomene und die mechanischen oder elektrischen Modelle erfaßt, die das verschiedenartige rheologische Verhalten beschreiben.

Die erste Auffassung betrachtet das System als ein Kontinuum, dessen mechanische Eigenschaften durch makroskopische Konstanten charakterisiert werden. Dagegen versucht die andere Betrachtungsweise eine Erklärung der rheologischen Eigenschaften in struktureller, molekularer oder allgemein submikroskopischer Beziehung. In dieser Perspektive stellt das strömende System ein strukturiertes, heterogenes oder diskontinuierliches Medium dar, dessen rheologisches Verhalten eine Folge der Form und der Anordnung der Teilchen sowie ihrer gegenseitigen Wechselwirkung ist. Man versucht also damit, die physikalische Natur der kinetischen Einheiten in den fließenden Systemen zu definieren und die Gesetze der Korrelation zwischen Struktur und den rheologischen Eigenschaften zu erklären.

Um derartigen Überlegungen eine gesicherte experimentelle Grundlage zu geben, ist es erforderlich, die Verteilung der Geschwindigkeitsgradienten im Innern des fließenden Systems zu bestimmen und die Strukturänderungen, welche das System während des Fließens erfährt, zu verfolgen. Zu diesem Zweck werden zusätzliche Messungen der Leitfähigkeit, der Dielektrizitätskonstante, der Strömungsdoppelbrechung oder der dynamischen Trübung erforderlich.

Während die Lösungen der organischen Kolloide in Ruhe optisch isotrop sind, werden sie in der Strömung anisotrop. Sie zeigen eine *Strömungsdoppelbrechung*, deren Größe und Orientierung gemessen werden kann. Nach der analog zu der bei der Viskosität definierten Grenzviskositätszahl ist die *Strömungsdoppelbrechungszahl ν*:

$$[\nu]_{\substack{c=0 \\ q\cdot\eta_0=0}} = K_\nu\cdot P$$

für durchspülte Fadenmoleküle einer polymerhomologen Reihe proportional dem Polymerisationsgrad P. Die Proportionalitätskonstante K_ν hängt vom Brechungsindex des Lösungsmittels ab und ist damit für eine polymerhomologe Reihe im gleichen Lösungsmittel konstant.

Dividiert man den Orientierungswinkel ω der Strömungsdoppelbrechung durch das Produkt aus Strömungsgefälle q und Viskosität des Lösungsmittels η_0, so erhält man analog zur Definition der Viskosität die *Orientierungszahl*

$$\left[\frac{\omega}{q\cdot\eta_0}\right]_{\substack{c=0 \\ q\cdot\eta_0=0}}$$

Diese Zahl nimmt bei durchspülten Fadenmolekülen proportional mit dem Quadrat des Polymerisationsgrades zu:

$$\left[\frac{\omega}{q\cdot\eta_0}\right]_{\substack{c=0 \\ q\cdot\eta_0=0}} = K_\omega\cdot P^2 \; ,$$

wobei K_ω ebenfalls als Proportionalitätskonstante für eine polymerhomologe Reihe konstant ist.

Besteht nun ein Fadenmolekül aus N einfachen Fadenelementen von der Gliedlänge A, so ist seine Gesamtlänge L:

$$L = N\cdot A \; .$$

Dann läßt sich auch der *Knäulungsgrad Q*:

$$Q = \sqrt{\frac{3}{2}}\cdot\sqrt{N}$$

berechnen. Bei kleinem Strömungsgefälle q wird das Verhältnis von Strömungsdoppelbrechungszahl zur Orientierungszahl umgekehrt proportioñal dem Polymerisationsgrad. Zwischen dem Betrag der Strömungsdoppelbrechung, ihrer Orientierung und der Viskosität ergeben sich quantitative Beziehungen, aus denen die Parameter herausfallen, welche die monomeren Reste kennzeichnen. Damit ergibt sich die einfache Gleichung:

$$M = \frac{\omega}{q \cdot \eta_0} \cdot \left[\frac{c}{\eta_{sp}}\right] \cdot \frac{R \cdot T}{10^2}.$$

Man kann also aus der Orientierungszahl und dem Grenzwert des Quotienten aus Konzentration c in Gramm Substanz pro 100 ml Lösungsmittel und der spezifischen Viskosität für unendliche Verdünnung das gewichtsmäßige Durchschnittsmolekulargewicht für durchspülte Knäuel berechnen.

Beim Übergang vom durchspülten Knäuel zum undurchspülten Knäuel ändern sich die Orientierungskonstante K_ω und die Viskositätskonstante K_m um ähnlich große Faktoren, so daß die Gleichungen zur Polymerisationsgrad- und Molekulargewichtsbestimmung ihre annähernde Gültigkeit behalten. Damit bilden diese Gleichungen eine in weiten Grenzen gültige, gegen spezifische Voraussetzungen unempfindliche Grundlage für die Berechnung von Molekulargewichten organischer Kolloide, den makromolekularen Stoffen.

Erfolgt während des Fließvorganges in einem kolloiden System eine Änderung der Orientierung der Teilchen oder sogar des Dispersionszustandes, dann ändert sich auch die Trübung dieses Systems. Weil die Beobachtungen ausschließlich an Lösungen erfolgen, die während der Bewegung trüber werden, bezeichnet man diese Erscheinung als *dynamische Trübung*.

Wenn eine Suspension von Teilchen ohne gegenseitige Wechselwirkung einer Beanspruchung bei wachsendem Geschwindigkeitsgefälle unterworfen wird, ändert sich seine Trübung fortlaufend bis zu einem Grenzwert, in dem das Geschwindigkeitsgefälle keinen weiteren Einfluß mehr ausübt. Ist jedoch die gegenseitige Einwirkung nicht mehr zu vernachlässigen oder erfolgen sogar Zusammenballungen, so treten große Änderungen der dynamischen Trübung bereits bei geringer Zunahme des Geschwindigkeitsgefälles auf. Die Zahl der Teilchenzusammenstöße wächst annähernd proportional mit dem Geschwindigkeitsgefälle. Hierdurch wird die mittlere Lebensdauer der vorübergehend gebildeten Aggregate nicht mehr umgekehrt proportional dem Geschwindigkeitsgefälle, sondern hängt hauptsächlich von der Stärke der gegenseitigen Wechselwirkung und von der Größe der gebildeten Aggregate ab.

Infolge der komplizierten Vorgänge, die mathematisch nur schwer zu erfassen sind, ist man auf Näherungen angewiesen. Noch größer werden die Schwierigkeiten einer Erfassung, wenn sehr unsymmetrische Teilchen mit gegenseitiger Wechselwirkung vorliegen, die in der Strömung Zusammenstöße und damit zusätzlich eine Orientierung verursachen.

In 2.2 ist bereits auf das nicht-*Newton*sche Fließverhalten der organischen Kolloide hingewiesen worden. Als *Rheologie* allgemein bezeichnet man die Lehre vom mechanischen Verhalten der deformierbaren Stoffe, die homogen oder strukturiert sein können. Dagegen darf man als Rheologie im engeren Sinn die Lehre vom Fließverhalten, d. h. der Beziehung zwischen Spannung und Fließgeschwindigkeit, der Stoffe in ihren Lösungen verstehen. Damit ist die Rheologie die Wissenschaft, die sich mit den Fließanomalien, den Abweichungen vom *Newton*schen Reibungsgesetz, beschäftigt.

Die *Aufgabe der Rheologie* ist es nun, die mechanischen Eigenschaften in definierte Komponenten zu zerlegen und diese mit Hilfe bestimmter Messungen als Zahlenwerte zu erfassen. Wenn derartige Messungen von Formänderungen unter der Wirkung von Scherkräften auch möglich sind, stellen sie die Kolloidchemie mit vor die schwierigsten Aufgaben, nachdem *Max Planck* allein die Deformierbarkeit eines theoretisch idealen Körpers auf 36 Parameter zurückgeführt hat.

Bei den organischen Kolloiden hängen die mechanischen Eigenschaften hauptsächlich von der Größe und Gestalt der Moleküle ab. Beide Eigenschaften resultieren aus der Zusammenlagerung zahlreicher Einzelmoleküle, deren Beziehungen zueinander durch Molekülkräfte geregelt werden. In der Lösung werden die Verhältnisse noch komplizierter, weil eine Wechselwirkung erstens zwischen den Makromolekülen, zweitens zwischen den Lösungsmittelmolekülen und drittens zwischen den Makromolekülen und Lösungsmittelmolekülen hinzukommt. Als Folge treten in den Lösungen Abweichungen vom Newtonschen Fließverhalten auf, die für jedes System charakteristisch sind und damit einen Einblick in den mechanischen Aufbau des betreffenden Systems vermitteln.

Ein weiterer Vorteil der Untersuchung *nicht-Newtonscher Fließsysteme* liegt in der Möglichkeit, auch konzentriertere makromolekulare Lösungen heranziehen zu können, wie sie in der Praxis z. B. für das Verspinnen eingesetzt werden. Ebenso kann man bei den Drücken messen, die tatsächlich an der Spinndüse oder im Extruder vorliegen.

Wie bereits unter 2.2 beschrieben worden ist herrscht bei den *Newtonschen Flüssigkeiten*, den Lösungsmitteln und Lösungen niedermolekularer Substanzen, Proportionalität zwischen Schubspannung und Geschwindigkeitsgefälle, so daß die Viskosität als Quotient beider Größen eine nur von der Temperatur abhängige Materialkonstante darstellt. Aber schon geringe Gehalte an hochmolekularen

Stoffen erhöhen die Viskosität ihres Lösungsmittels so stark, daß Abweichungen von dem *Newton*schen Fließverhalten auftreten, wenn man die Abhängigkeit des Geschwindigkeitsgefälles von der Schubspannung untersucht.

In Lösung bilden die Makromoleküle lockere Knäuel, deren Zwischenräume mit Lösungsmittel angefüllt sind. Außer der Konzentration und Größe der Makromoleküle übt auch die Güte des Lösungsmittels einen Einfluß aus. Die osmotische Aufweitung der Molekülknäuel ist in verschiedenen Lösungsmitteln unterschiedlich, so daß eine makromolekulare Substanz in verschiedenen Lösungsmitteln unter gleichen Bedingungen unterschiedliche Viskositätswerte ergibt.

Nun führt jedes Molekülknäuel in einer Strömung bei gleichmäßiger Translation eine Rotation entsprechend der mittleren Geschwindigkeit aus. Hierdurch wird ein gewisser Rühreffekt erzeugt, der das teilweise immobilisierte Lösungsmittel innerhalb des Knäuels und das angrenzende Lösungsmittel mit in Bewegung setzt und eine zusätzliche Viskositätserhöhung verursacht. Außerdem sind die Molekülknäuel in Lösung als weich, nachgiebig und hochelastisch zu betrachten, wodurch in der Strömung dauernde Deformationen auftreten, wie auch Zahl, Länge und Sitz von Verzweigungen einen Einfluß ausüben.

Somit wird die Viskosität der Lösungen makromolekularer Stoffe verursacht von:
1. der Masse der Moleküle, dem Molekulargewicht,
2. der Gestalt der Moleküle, kugel- oder fadenförmig, linear oder verzweigt, und
3. der Wechselwirkung mit dem Lösungsmittel, der Solvatation.

Zur Messung dieses *Fließverhaltens* verwendet man besondere Strukturviskosimeter, die als Kapillarviskosimeter das Anlegen von Drücken von 0,1 bis 100 atü gestatten. Setzt man außerdem unterschiedliche Kapillaren ein, so wird es möglich, einen Schubspannungs- und Geschwindigkeitsgefällebereich von 4 bis 6 Zehnerpotenzen durchzumessen.

Zur Berechnung der *Schubspannung* τ dient die Gleichung:

$$\tau = \frac{R \cdot 9{,}81 \cdot 10^5 \cdot p}{2L} \text{ dyn/cm}^2$$

mit dem Radius R und der Länge L der Kapillare in cm und p dem angelegten Druck in atü. Für die Berechnung des *Geschwindigkeitsgefälles* G gilt die Gleichung:

$$G = \frac{4 \cdot Q}{\pi \cdot R^3 \cdot t} \, s^{-1}$$

mit der ausgeflossenen Menge Q in ml und der dazugehörigen Ausflußzeit t in Sekunden. Infolge der Niveaudifferenz zwischen dem

Vorratsgefäß und der Höhe in der Meßbürette ist für Drücke unter 5 atü der angezeigte Druck noch um den Betrag

$$p' = d \cdot h \cdot 10^{-3} \text{ atü}$$

mit d dem spezifischen Gewicht der Lösung und h der Niveaudifferenz in cm zu korrigieren.

Zur graphischen Darstellung des Fließverhaltens über einen derart großen Bereich wählt man das beiderseitig logarithmische Raster. Auf der Abszisse wird die Schubspannung und auf der Ordinate das Geschwindigkeitsgefälle aufgetragen, wie Abb. 19 am Beispiel einer Kautschuklösung in Toluol zeigt. Wenn das Newtonsche Reibungsgesetz erfüllt wird, ergeben die so erhaltenen Fließkurven in dieser Darstellung jeweils eine Gerade mit einer Steigung von 45°. Es ist dann tg $\alpha = 1 = \sigma$, wobei die Steilheit σ zugleich ein Maß für die *Schlüpfrigkeit* darstellt. Alle Lösungsmittel und die Lösungen der niedermolekularen Stoffe erfüllen diese Forderung bis zu dem höchsten meßbaren Geschwindigkeitsgefälle.

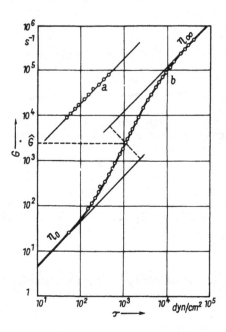

Abb. 19: Darstellung einer Fließkurve, *a* Toluol als *Newton*sche Flüssigkeit, *b* 2%ige Lösung von Naturkautschuk in Toluol als nicht-*Newton*sche Flüssigkeit.

Die Lösungen der Makromoleküle zeigen in ihren organischen Lösungsmitteln bei niedriger und bei sehr hoher Schubspannung ebenfalls eine Steilheit von $\sigma = 1$, d. h. sie verhalten sich bei diesen Drücken wie *Newton*sche Flüssigkeiten. Den *Newton*schen Bereich bei niedrigen Schubspannungen bezeichnet man als die Viskosität der Ruhe mit η_0 und denjenigen bei hohen Schubspannungen als die Viskosität der Bewegung mit η_∞. In dem einen Bereich werden die Molekülknäuel noch nicht deformiert, während im anderen Bereich das Maximum an Deformation erreicht ist. Zwischen den beiden Bereichen liegt ein weiter, oft mehrere Zehnerpotenzen umfassender nicht-*Newton*scher Bereich, in dem σ variiert, mit einem Wendepunkt im halben Abstand zwischen η_0 und η_∞. Die Ursache für die Viskositätsabnahme in diesem Bereich liegt in der stattfindenden Deformation der Molekülknäuel durch die Scherkräfte in der Kapillarströmung.

Grundsätzlich durchläuft σ bei allen Lösungen ein Maximum. Damit ist die Steilheit ein Maß für das unproportionale Anwachsen des Geschwindigkeitsgefälles mit steigender Schubspannung. Je größer die Steilheit ist, um so mehr weicht die Lösung vom *Newton*schen Verhalten ab. Auch mit steigender Konzentration wird die Steilheit größer und die Lösungen fühlen sich schlüpfrig an.

Nun hat das Geschwindigkeitsgefälle die Dimension einer Frequenz und gibt damit die Zahl der pro Zeiteinheit durch den Querschnitt geströmten Moleküle an. Mit zunehmendem Geschwindigkeitsgefälle wird immer öfter ein Knäuel von der Strömung an den Platz geführt, den ein anderes Knäuel eben verlassen hat. Damit wird die Störung des Fließens geringer und der Viskositätsabfall steiler. Wenn das Geschwindigkeitsgefälle gerade so groß geworden ist, daß ein neues Knäuel in dem Moment an den Platz herangeführt wird, in dem ein anderes diesen Platz verläßt, erfolgt der Platzwechsel mit der geringsten Störung und der Wendepunkt der Fließkurve ist erreicht. Bei noch höheren Geschwindigkeitsgefällen hat das eine Knäuel seinen Platz noch nicht verlassen, wenn ein anderes folgen will, die Störungen werden wieder größer, bis nochmals Proportionalität zwischen Schubspannung und Geschwindigkeitsgefälle auftritt.

Der Wendepunkt der Fließkurve ist damit ein kritischer Punkt. Da hier die Platzwechselfrequenz gleich der Eigenfrequenz ist, hängt die Viskosität der Lösung im Wendepunkt allein von der Größe der Strukturelemente und der Viskosität des Lösungsmittels ab, ist also unabhängig von Gestalt, Solvatation und Elastizität der gelösten Makromoleküle.

Von dieser Erkenntnis ausgehend hat *Umstätter* an den Fließkurven der Lösungen linearer Makromoleküle die folgenden Gesetzmäßigkeiten festgestellt:
1. Es herrscht umgekehrte Proportionalität zwischen dem kritischen Geschwindigkeitsgefälle und dem Molekulargewicht.

2. Die Wendepunkte der Fließkurven aller Konzentrationen einer makromolekularen Substanz in dem gleichen Lösungsmittel liegen auf einer Geraden parallel zur Abszisse.
3. Die Wendepunkte der Fließkurven gleichkonzentrierter Lösungen einer polymerhomologen Reihe liegen auf einer Geraden parallel zur Ordinate.

Ferner kommt in der Fließkurve die Molekulargewichtsverteilung zum Ausdruck. Wie aus der umgekehrten Proportionalität zwischen dem kritischen Geschwindigkeitsgefälle und dem Durchschnittsmolekulargewicht hervorgeht, beeinflussen die hochmolekularen Anteile das niedrige Geschwindigkeitsgefälle und die niedermolekularen Anteile die hohen Geschwindigkeitsgefälle. Damit ergibt der Abstand zwischen η_0 und η_∞ ein Maß für die Polymolekularität.

Infolge der Unkenntnis der idealen Fließkurve, der Fließkurve einer Lösung mit gleich großen Makromolekülen, kann nur indirekt ein Zahlenwert für die Uneinheitlichkeit erhalten werden. Stellt man nach *Umstätter* die Fließkurve in einem Summenwahrscheinlichkeitsnetz dar, so erhält man eine Gerade, wie Abb. 20 zeigt, deren Neigung einen Zahlenwert für die Uneinheitlichkeit liefert. Am zweckmäßigsten berechnet man hierzu über die Standardabweichung als absoluten Wert den Variationskoeffizienten als relativen Wert, der sich mit dem von *G. V. Schulz* angegebenen relativen Wert $U = M_w/M_n - 1$ vergleichen läßt.

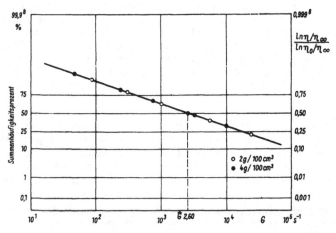

Abb. 20: Die in einem Summenwahrscheinlichkeitsnetz gerade gelegten Fließkurven einer 2%igen und einer 4%igen Lösung eines Naturkautschuks in Toluol.

Die Art der Fließkurvendarstellung in dem Summenwahrscheinlichkeitsnetz hat den weiteren Vorteil, daß alle Konzentrationen durch die gleiche Gerade dargestellt werden, man also auch unbekannte Konzentrationen untersuchen kann. Weiterhin kann der molekulargewichtsabhängige Wendepunkt bei 50 % sehr genau abgelesen werden.

Von verzweigten und bis zu einem gewissen Grad vernetzten Makromolekülen ist infolge ihrer anderen Dimensionen und anderen Verhaltens auch ein anderes Fließverhalten zu erwarten. Stellt man nun die Fließkurven verschiedener Konzentrationen einer verzweigten makromolekularen Substanz zu einem *mechanischen Zustandsbild* zusammen und vergleicht es mit demjenigen einer unverzweigten Substanz, wie es in Abb. 21 geschehen ist, so findet man bei der verzweigten Substanz, daß die Wendepunkte zwar ebenfalls auf einer Geraden liegen, jedoch mit einer für jedes System charateristischen Neigung. Der Tangens des Neigungswinkels ist ein direktes Maß für den Verzweigungsgrad.

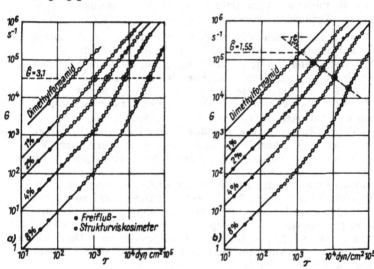

Abb. 21: Mechanisches Zustandsbild *a* eines linearen und *b* eines verzweigten Polyacrylnitrils in Dimethylformamid.

Da bei den verzweigten Makromolekülen das kritische Geschwindigkeitsgefälle proportional mit der Konzentration abnimmt, müssen hier die Einzelmoleküle infolge der Verzweigung sich stärker und damit fester miteinander verhaken unter Immobilisierung von Lösungsmittelmolekülen. So können sich mit steigender Konzentration immer größere Einheiten ausbilden, die ein mit der Konzentration ansteigendes Molekulargewicht vortäuschen.

105

Auch der Lösungszustand kommt in den mechanischen Zustandsbildern zum Ausdruck. Ist das kritische Geschwindigkeitsgefälle der molekulardispersen Systeme von der Konzentration unabhängig, so geben die übermolekulare Aggregate als mizellardisperse Systeme, z. B. Cellulose in dem modifizierten Eisen-Weinsäure-Natriumkomplex, durch eine sehr starke Abnahme des kritischen Geschwindigkeitsgefälles von einer bestimmten Konzentration ab zu erkennen. Die einzelnen Fließkurven sind auch nicht symmetrisch, sondern verlaufen nach einem höheren Geschwindigkeitsgefälle und erreichen kein η_∞. Diese Erscheinung deutet auf einen echten Abbau in der Strömung, die auch durch eine einfache Viskositätsmessung im Ubbelohde-Viskosimeter vor und nach der Beanspruchung im Strukturviskosimeter zu beweisen ist.

Das mechanische Zustandsbild einer Viskose zeigt nochmals einen anderen Lösungszustand, weil die verhältnismäßig steifen, verfilzten Aggregate nur eine geringe Deformation in der Strömung erleiden und kein Wendepunkt festzustellen ist.

Für die aus der Schmelze versponnenen sythetischen Polymeren, z. B. Polyamide, Polyolefine und Polyester, ist die Kenntnis der *Schmelzviskosität* von besonderer Wichtigkeit, damit die Spinnpumpen die Düsen optimal versorgen können. Jedoch ist auch hier die Viskosität keine nur von der Temperatur abhängige Stoffkonstante mit *Newton*schen Fließverhalten. Von einer bestimmten Schubspannung an erhält man nur eine von den herrschenden Bedingungen, Druck und Düsengeometrie, abhängige, effektive Viskosität. Daher dürfen nur bei gleichem Druck in der gleichen Düse gemessene Viskositäten von unterschiedlichen Proben miteinander verglichen werden.

In der Praxis ist man aus diesem Grund dazu übergegangen, den *Schmelzindex MFI* (melt flow index) nach DIN 53 735 zu messen, der angibt, wieviel Gramm einer Schmelze in 10 Minuten bei einem aufgelegten Gewicht von 2,16 kp aus einer genormten Düse von 8 mm Länge und 2,1 mm Durchmesser ausgetreten sind. Unter diesen Bedingungen entspricht eine Belastung von 2,16 kp einer Schubspannung von $1,97 \cdot 10^5$ dyn/cm².

Die Polyolefine lassen sich auf diese Weise sehr gut messen. Die Polyamide und Polyester neigen jedoch beim Abstechen des Schmelzstranges unter der Düsenplatte stark zum Verkleben. In diesen Fällen registriert man besser das in der Zeiteinheit ausgeflossene Volumen und berechnet die Schmelzviskosität MV (melt viscosity). Nach der Gleichung

$$MFI = \frac{10^5}{MV} \qquad \left[\begin{matrix} MFI \text{ in g/10 min} \\ MV \text{ in Poise} \end{matrix}\right]$$

kann dann wahlweise der eine Wert in den anderen umgerechnet werden.

Die Schmelzviskosität ist dem gewichtsmäßigen Durchschnitts-molekulargewicht proportional, so daß diese Messung zur Molekular-gewichtsbestimmung herangezogen werden kann. In der Praxis sind die meisten Schmelzen der Polymeren jedoch nicht stabil. Bei sehr geringen Wassergehalten kondensieren die Polyamide z. B. nach, während sie bei höheren Wassergehalten abgebaut werden. Nur bei einem bestimmten Gleichgewichtswassergehalt bleibt die Schmelze konstant. Polyesterschmelzen wieder werden schon bei geringen Wassergehalten abgebaut. Aus diesem Grund ist eine Molekulargewichtsbestimmung aus der Schmelzviskosität stets problematisch.

Da der Schmelzindex die in der Zeiteinheit ausgeflossene Masse m angibt und die Schmelzviskosität das in der gleichen Zeiteinheit aus-geflossene Volumen V, gibt der Quotient beider Größen die *Dichte* ρ:

$$\rho = \frac{m}{V} \ [g/ml]$$

der Schmelze bei der eingestellten Temperatur an. Mit dieser Kennt-nis läßt sich auch das Volumen V_δ einer Spritzgußform für die Schmelze bei der Extrusionstemperatur δ berechnen, um einen Kör-per $V_{\delta 20}$ mit einem genauen Volumen bei 20 °C zu erhalten:

$$m = \rho_{\delta 20} \cdot V_{\delta 20} = \rho_\delta \cdot V_\delta \,,$$

$$V_{\delta 20} = \frac{\rho_\delta}{\rho_{\delta 20}} \cdot V_\delta \,.$$

Man bestimmt also die Dichte $\rho_{\delta 20}$ bei 20 °C und die Dichte der Schmelze ρ_δ bei Extrusionstemperatur. Dann gibt der Quotient $\rho_\delta/\rho_{\delta 20}$ an, um welchen Betrag das Volumen $V_{\delta 20}$ kleiner ist als dasjenige von V_δ, d. h. die Volumen-Kontraktion.

Ebenso kann der *Volumen-Ausdehnungskoeffizient* γ für einen Temperaturbereich berechnet werden nach der Gleichung:

$$V_{\delta 2} = V_{\delta 1}(1 + \gamma \cdot \Delta \delta) \quad [\delta_1 < \delta_2] \,.$$

Dann ist:

$$\gamma = \frac{\rho_{\delta 1} - \rho_{\delta 2}}{\Delta \delta \cdot \rho_{\delta 2}} \,.$$

Mit der Kenntnis der Dichte kann weiterhin die *Durchsatzleistung* eines Extruders berechnet werden nach der Gleichung:

$$Q = V \cdot \rho \,,$$

wobei Q den Gewichtsausstoß pro Minute und V den von Düsen- und Schnecken-Kennlinie abhängigen Volumenausstoß pro Minute bedeuten. Für ρ gilt hier die Dichte der Schmelze bei Extrusions-temperatur.

Im Latex liegt der Kautschuk in Fom von halbstarren Flüssigkeits-
tröpfchen in Wasser verteilt vor. Dieses kolloide System zeigt die
Erscheinung der *Thixotropie*. Das hier vorliegende System „flüssig
in flüssig" als Emulsion oder Öl-Hydrosol enthält an den Grenzflächen der dispersen Phase noch verschiedene Elektrolyte, Emulgie-
rungs- und Stabilisierungsmittel, deren Natur und Menge die rheologischen Eigenschaften bestimmen. Hier erlaubt die Kenntnis des
Fließverhaltens die Einstellung auf bestimmte Fließeigenschaften,
die zur Herstellung von Schaumgummi, Klebstoffen und Latexfarben
erforderlich sind.

Das Fließverhalten der Latexsysteme wird beeinflußt von:
1. den adsorbierten Grenzflächenfilmen,
2. den elektrischen Ladungen,
3. den *Van der Waals*schen Kräften,
4. dem Grad der Hydratation und
5. den gebildeten lockeren Strukturen.

Diese verschiedenartigen Einflüsse ergeben ein sehr komplexes Fließverhalten. Die stark verdünnten Latices zeigen infolge der Kugelgestalt der Tröpfchen ähnlich den kugelförmigen Eiweißmolekülen
*Newton*sches Fließverhalten. Die Viskosität 25 bis 45%iger Latices
kann noch durch eine Exponential-Fließgleichung für den gesamten
Schubspannungsbereich beschrieben werden, während die noch kon-
zentrierteren Latices nicht mehr durch eine Gleichung zu beschreiben
sind.

Die mit einem Konsistometer aufgenommenen Fließkurven der
Latices zeigen ein anders geartetes Fließverhalten. Sie besitzen kein
η_0, sondern zeigen von einer „Fließgrenze" ab nicht-*Newton*sches
Fließen, bis bei einer bestimmten Schubspannung das Gebiet von
η_∞ erreicht wird. In diesem Bereich sind die Aggregate soweit zer-
stört, daß *Newton*sches Fließen eintritt.

Der nicht-*Newton*sche Bereich kann als eine Art „Anlaufvorgang"
gedeutet werden, der naturgemäß von der Vorgeschichte abhängt,
d. h. wie stark das System vor der Messung bewegt worden ist. Diese
Erscheinung bezeichnet man als Thixotropie.

Zur Darstellung der Thixotropie wählt man die Methode der
„Hysteresisschleife", indem das System in einem Konsistometer zunächst mit zunehmender und anschließend mit abnehmender Schubspannung untersucht wird. In der Auftragung Schubspannung gegen
die jeweils erhaltene effektive Viskosität η' erhält man ein „Rheo-
gramm", in dem die für die Thixotropie charakteristische Hysteresisschleife sichtbar wird, wie die Abb. 22 zeigt.

Die Thixotropie ist infolge ihrer Abhängigkeit von den äußeren
Faktoren Zeit und Apparateabmessungen eine derart komplexe
Größe, daß man auf die Umrechnung der Schubspannung in abso-
lute Einheiten verzichten kann. Damit stellt die Thixotropie eine

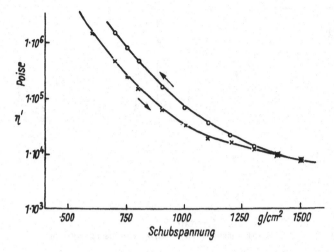

Abb. 22: Das thixotrope Verhalten eines 70%igen Latex bei 20 °C im *Höppler*-Konsistometer.

der am schwierigsten zu erfassenden Fließanomalien dar, wie auch bis heute keine Einheit für die Thixotropie definiert werden kann.

Schließlich zeigen flüssige Systeme, deren Fließverhalten von einer Elastizität überlagert ist, den *Weissenberg-Effekt,* der von *Weissenberg* an Kohlenwasserstoffgelen aus Kautschuk, Gelatine, Stärke, Cellulose und verseiften Ölen untersucht worden ist. Taucht man einen Stab in einen rotierenden Becher mit einem derartigen System, so steigt das viskoelastische System an dem Stab hoch, wie Abb. 23 zeigt, während ein *Newton*sches System infolge der Zentrifugalkraft an der äußeren Wand aufsteigt.

In derartigen viskoelastischen Systemen treten Kreisspannungen auf, welche das System entgegen der Zentrifugalkraft um den Stab wickeln und nach oben drücken mit einer Kraft, die als Normalkraft in dem *Weissenberg*-Rheogoniometer zu messen ist. Mit diesem Gerät, ein Platte-Kegel-Viskosimeter mit rotierendem Kegel und beweglicher Platte, kann aus den Komponenten, Schubspannung und Normalkraft, die Viskosität und Elastizität berechnet werden.

Durch Änderung der Schergeschwindigkeit wird das Verhältnis der beiden Komponenten zueinander beeinflußt. Im allgemeinen entfällt die Normalkraft als Funktion der Elastizität bei niedrigen Geschwindigkeitsgefällen, während die Schubspannung als Funktion der Viskosität gewöhnlich hoch bleibt. Erst bei höheren Schergeschwindigkeiten erfolgt eine Zunahme der Elastizität unter gleichzeitiger

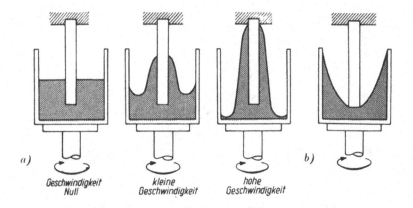

Geschwindigkeit
Null

kleine
Geschwindigkeit

hohe
Geschwindigkeit

a)

b)

Abb. 23: Der *Weissenberg*-Êffekt
 a viskoelastisches System, *b* *Newton*sches System.

Abnahme der Viskosität. In manchen Fällen, z. B. den Schmelzen makromolekularer Stoffe, wird die Elastizität sogar zur größeren Komponente.

3.6 Molekulargewicht

Durch polymeranaloge Umwandlungen ist der Nachweis für die Existenz der Makromoleküle als Moleküle von kolloiden Dimensionen gelungen. Damit wird das Makromolekül definiert als ein Teilchen, dessen sämtliche Atome durch Hauptvalenzen verbunden sind. Für die übersichtlich gebauten Makromoleküle trifft diese Definition auch zu.

Bei den komplizierter gebauten Proteinen besteht jedoch die Möglichkeit, die Größe durch milde Eingriffe, wie z. B. pH-Änderung oder Zugabe von Harnstoff, leicht reversibel oder irreversibel zu verändern, wobei auch Hauptvalenzbindungen getrennt werden können. In diesen Fällen ist es vorteilhaft, den Begriff zu erweitern und das Makromolekül als die kleinste Einheit zu bezeichnen, die noch dessen sämtliche Eigenschaften aufweist. Diese Definition deckt sich mit der ursprünglichen chemischen Definition des Moleküls.

In der Praxis liegen die Moleküle einer makromolekularen Substanz stets in einer Verteilung von unterschiedlichen Molekulargewichten vor. Diese Polymolekularität ist durch eine stetige Funktion zu beschreiben. Zur Charakterisierung einer makromolekularen Substanz ist damit die Kenntnis des *Durchschnittsmolekulargewichtes* und der *Verteilungsfunktion* notwendig.

Der Begriff der Polymolekularität ist besonders für die synthetischen Polymeren noch zu erweitern, weil sich hier leicht verschiedene Strukturen ausbilden können. So kann z. B. bei der Polymerisation von Äthylenderivaten neben der Kopf-Schwanz-Kopf-Schwanz-Anordnung ein gewisser Prozentsatz in Kopf-Schwanz-Schwanz-Kopf-Anordnung auftreten. Hierdurch entstehen zusätzlich Isomere. Das gleiche gilt für Mischpolymerisate und verzweigte Polymere, deren Verzweigungen meist unregelmäßig über das Molekül verteilt sind.

Trotzdem ist man berechtigt, ein derartiges System noch als einen bestimmten Stoff zu bezeichnen und nicht als Gemisch, weil seine physikalischen Eigenschaften genau zu reproduzieren sind und der Aufbau aus dem Grundmolekül, Art der Verzweigung, Durchschnittsmolekulargewicht und Molekulargewichtsverteilung eindeutig zu beschreiben ist. Wenn noch chemische Angaben z. B. über den Chlorgehalt von Chlorkautschuk oder Polyvinylchlorid vorliegen, dann sind auch die Mengenverhältnisse festgelegt.

Außer der Endgruppenbestimmung beruhen die Methoden der *Molekulargewichtsbestimmung* auf der Messung einer physikalischen Eigenschaft verdünnter Lösungen und ihrer Extrapolation auf unendliche Verdünnung. Durch diese Extrapolation wird die intermolekulare Wechselwirkung ausgeschaltet. In einzelnen Fällen sind noch weitere Extrapolationen notwendig, wenn man sich einer absoluten Bestimmung soweit als möglich nähern will, z. B. durch Extrapolation nach dem Geschwindigkeitsgefälle Null für die viskosimetrische Bestimmung oder dem Streuungswinkel Null für die Lichtstreuungsmethode.

Infolge der Polymolekularität ergibt jede Bestimmungsmethode entweder einen *gewichtsmäßigen* oder einen *zahlenmäßigen Durchschnittswert für das Molekulargewicht.* Zu den *Gewichtswerte* liefernden Bestimmungsmethoden gehört:

    die Viskosimetrie,
    die Lichtstreuungsmessung,
    die Fällungstitration,
    die Sedimentationsgeschwindigkeitsmessung und
    die Diffusionsgeschwindigkeitsmessung.

Zu den *Zahlenwerte* liefernden Bestimmungsmethoden gehört:

    die osmotische Messung,
    die Sedimentationsgleichgewichtsmessung und
    die chemische Molekulargewichtsbestimmung.

Die *viskosimetrische Molekulargewichtsbestimmung* beruht auf den Beobachtungen von *Staudinger* und seiner Schule, wonach die Viskositätserhöhung, die lineare makromolekulare Stoffe ihrem Lösungsmittel erteilen, proportional mit dem kryoskopischen Molekulargewicht ansteigt. Diese Bestimmungsmethode ist nur eine Relativmethode, die durch eine Absolutmethode geeicht werden muß.

Ihre Bedeutung liegt jedoch in der einfachen und präzisen Durchführbarkeit, die sie vor allem für Reihenuntersuchungen unentbehrlich macht. Durch Verwendung geeigneter Viskosimeter mit einer Auslaufzeit von etwa 100 s für 1 ml Lösungsmittel kann man auf die Extrapolation nach dem Geschwindigkeitsgefälle Null und die *Hagenbach*-Korrektion verzichten.

Nach *Staudinger* verwendet man anstelle der relativen Viskosität

$$\eta_{rel} = \frac{\eta_{L\ddot{o}sung}}{\eta_{L\ddot{o}sungsmittel}}$$

die spezifische Viskosität

$$\eta_{sp} = \frac{\eta_{L\ddot{o}sung} - \eta_{L\ddot{o}sungsmittel}}{\eta_{L\ddot{o}sungsmittel}} = \eta_{rel} - 1 \; .$$

Wenn die Lösungen verdünnt sind, vernachlässigt man die Dichte und setzt einfach die Auslaufzeit t ein. Dann ist

$$\eta_{sp} = \frac{t_L - t_{LM}}{t_{LM}} \; .$$

Da der Wert für η_{sp}/c mit der Konzentration c ansteigt, dient der Grenzwert für die Konzentration $c = 0$ als charakteristische, molekulargewichtsabhängige Materialkonstante, die *Grenzviskositätszahl* $Z\,\eta$:

$$Z\,\eta = [\eta] = \lim \left[\frac{\eta_{sp}}{c}\right]_{c=0} \; .$$

Wie Abb. 24 zeigt, kann die Extrapolation graphisch sehr genau

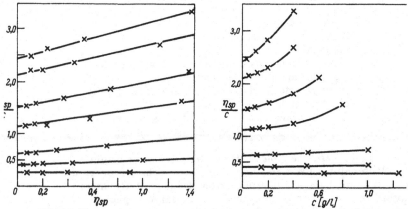

Abb. 24: Extrapolation der η_{sp}/c-Werte nach der Konzentration Null für Cellulose nitrat-Fraktionen in Aceton.

durchgeführt werden. Doch ist für Reihenuntersuchungen die rechnerische Grenzwertbildung auf Grund einer experimentell gesicherten Beziehung zwischen η_{sp}/c und c (c in g/l) vorzuziehen. Von der Anzahl hierfür zur Verfügung stehenden Formeln eignet sich die von *G. V. Schulz* und *Blaschke* angegebene Gleichung:

$$[\eta] = \frac{\eta_{sp}}{c\,(1 + k' \cdot \eta_{sp})}$$

mit der *Huggins*schen Konstante k', die angenähert als Universalkonstante $k' = 0,28$ für alle polymerhomologen Reihen betrachtet werden kann.

Für die Beziehung zwischen Grenzviskositätszahl und Molekulargewicht gilt nun nach *Staudinger*

$$[\eta] = K\,m \cdot M$$

und nach *W. Kuhn*

$$[\eta] = K \cdot M^a \,.$$

In diesen Gleichungen sind $K\,m$, K und α Konstanten, die für jede polymerhomologe Reihe in einem bestimmten Lösungsmittel durch Vergleich mit einer Absolutmethode ermittelt werden müssen. Nachdem *Houwink* gezeigt hat, daß die nach *Staudinger* berechneten Reihen auch durch die *Kuhn*sche Gleichung darstellbar sind, ist eine große Zahl von Messungen an Polymerisaten und Polykondensaten durchgeführt worden, die eine gesicherte Grundlage für viskosimetrische Molekulargewichtsbestimmungen geben. In den meisten Fällen liegt der Wert für α bei etwa 0,66.

Eine gewisse Schwierigkeit bereitet die unterschiedliche Polymolekularität, denn der viskosimetrische Durchschnittswert liegt als gewichtmäßiger Durchschnittswert über dem zahlenmäßigen Durchschnittswert, den man z. B. aus osmotischen Messungen erhält. Wenn also zwei Stoffe das gleiche zahlenmäßige Durchschnittsmolekulargewicht besitzen, so muß der uneinheitlichere Stoff den höheren gewichtsmäßigen Durchschnittswert aufweisen.

Ebenso verliert die viskosimetrische Methode ihre Eindeutigkeit, wenn der Bau der Makromoleküle nicht genau bekannt ist, indem z. B. unbekannte Verzweigungen oder Vernetzungen auftreten. In derartigen Fällen, für die die Polystyrole ein Beispiel geben, sind wesentlich ausgedehntere Kontrollmessungen erforderlich, weil der Exponent der *Kuhn*schen Gleichung sich mit dem Molekulargewicht ändert und zwischen 0,5 und 1,0 schwanken kann. Aus diesem Grund geht man heute mehr dazu über, statt einer nur für einen engen Molekulargewichtsbereich gültigen Gleichung eine graphische Darstellung im doppeltlogarithmischen Koordinatensystem für die Beziehung Grenzviskosität-Molekulargewicht zu wählen. Nur so ist ein eindeutiger Zusammenhang zwischen diesen beiden Größen über einen großen Bereich zu erhalten.

Die Molekulargewichtsbestimmung aus *Lichtstreuungsmessungen* beruht auf der Beugung des Lichts an Teilchen, die im Vergleich zur Wellenlänge des Lichtes klein sind. Damit spricht diese Methode auf das Teilchenvolumen an und gibt gewichtsmäßige Durchschnittswerte.

Trifft ein Lichtstrahl auf ein kleines Teilchen von genügender optischer Dichte, dann werden die Elektronen des Teilchens als elektrisch geladene Einheiten von dem auftreffenden elektromagnetischen Impuls veranlaßt, im gleichen Rhythmus zu schwingen. Die jetzt oszillierenden Elektronen bilden nun den Ausgangspunkt für das gebeugte und damit gestreute Licht, das größtenteils die gleiche Frequenz wie die anregende Welle aufweist. Da die Vektoren der induzierten elektrischen Momente mit denen des anregenden Strahles parallel verlaufen, treten Variationen in der Intensität des gestreuten Lichtes auf, die von dem Winkel abhängen, unter dem das Streulicht von dem Teilchen ausgesandt wird. Hierdurch wird das rechtwinklig zu dem auftreffenden Strahl gestreute Licht in einer Ebene polarisiert, unabhängig vom Polarisationszustand des auftreffenden Strahls.

Aus diesem Verhalten hat *Rayleigh* mathematisch eine Beziehung zwischen dem gestreuten Anteil des einfallenden Lichtes, seiner Wellenlänge, der Teilchengröße und den optischen Eigenschaften der streuenden Suspension abgeleitet, die für kleine isotrope Teilchen gilt, deren Radius nicht größer als $^1/_{20}$ der Wellenlänge des einfallenden Lichtes ist.

Zur experimentellen Molekulargewichtsbestimmung kleiner isotroper Teilchen in hoher Verdünnung wird die Intensitätsverminderung des einfallenden Strahles durch die streuende Lösung gemessen. Es ist also der Trübungsgrad zu bestimmen. Im allgemeinen ist die Intensitätsabnahme, die der einfallende Strahl beim Passieren der Lösung erfährt, sehr klein und daher nur schwer zu messen. Aus diesem Grund müssen die Messungen der Lichtstreuung in einem Winkel von 90° durchgeführt werden. Dann gilt für den Trübungsgrad τ:

$$\frac{\tau}{c} = H \cdot M$$

mit c dem Gewicht aller Teilchen in 1 ml, M dem Molekulargewicht und H einem Faktor, der durch die Gleichung:

$$H = \frac{32 \cdot \pi^3}{3} \cdot \frac{\mu_0^2}{N \cdot \lambda^4} \cdot \left(\frac{\mu - \mu_0}{c}\right)^2$$

definiert ist mit N der *Avogadro*schen Zahl, λ der Lichtwellenlänge und $\mu - \mu_0$ der Differenz der Brechungsindices für Lösung und Lösungsmittel. Infolge der geringen Differenz beider Indices kann diese Bestimmung nur mit einem Differential-Refraktometer erfolgen. Bei höheren Konzentrationen gilt diese Proportionalität zwischen τ und c nicht mehr, weil die einzelnen Teilchen sich gegenseitig in ihrer streuenden Wirkung beeinträchtigen und eine gewisse destruktive Interferenz den Trübungsgrad herabsetzt.

Durch die Untersuchung des Grades der in dem bei 90° gestreuten Licht eingetretenen Depolarisation lassen sich weitere Kenntnisse über die Größenordnung und Form der Teilchen gewinnen. So können die Teilchen, je nachdem ob das einfallende Licht unpolarisiert oder in einer bestimmten Richtung polarisiert ist, eingeteilt werden in:

> klein und isotrop,
> groß und isotrop,
> klein und anisotrop und
> groß und anisotrop.

Die kleinen isotropen Teilchen streuen das Licht nur, wenn das einfallende Licht unpolarisiert ist. Das gestreute Licht ist vertikal polarisiert. Wird das einfallende Licht in einer anderen Richtung polarisiert, wird die Streuung Null. An großen isotropen Teilchen tritt bei einfallendem unpolarisierten Licht ein bestimmter Grad von Depolarisation in dem bei 90° gestreuten Licht auf. Diese Depolarisation nimmt mit der Teilchengröße der Kugeln zu.

Anisotrope Teilchen zeigen als grundsätzlichen Unterschied gegenüber den isotropen Teilchen auch dann eine Depolarisation, wenn das einfallende Licht polarisiert ist. Für kleine anisotrope Teilchen liegt die Depolarisation des bei 90° gestreuten Lichtes zwischen 0 und 100 %, wenn das einfallende Licht unpolarisiert ist. Ist das einfallende Licht in einer Richtung polarisiert, beträgt die Depolarisation 100 %. Für große anisotrope Teilchen kommt zu diesen Eigenschaften diejenige der großen Kugeln hinzu. Daher wird die Depolarisation des unpolarisiert einfallenden Lichtes bei der Streuung größer als bei den großen isotropen Teilchen. Ist das einfallende Licht in einer Richtung polarisiert, bleibt die Depolarisation des gestreuten Lichtes unter 100 %.

Die gemessene Lichtstreuung einer makromolekularen Substanz in einer Lösung genau bekannter Konzentration ist dem gewichtsmäßigen Durchschnittsmolekulargewicht der gelösten Substanz proportional. Damit gilt für ideale Lösungen:

$$\frac{c \cdot H}{\tau} = \frac{1}{M}$$

mit τ der gegen einen Trübungsstandard gemessenen Trübung der Lösung unter Abzug der Trübung für das Lösungsmittel und H dem bereits besprochenen Faktor.

Für die nicht-idealen Lösungen der Makromoleküle muß die Gleichung noch ergänzt werden zu:

$$\frac{c \cdot H}{\tau} = \frac{1}{M} + \frac{2 \cdot B \cdot c}{R \cdot T}$$

mit B dem zweiten Virialkoeffizienten des osmotischen Druckes. Experimentell wird die Lichtstreuung verschiedener Konzentrationen gemessen und der Ausdruck $c \cdot H / \tau$ gegen c graphisch aufgetragen. Dann ergibt die Extrapolation der erhaltenen Geraden nach dem Grenzwert $c = 0$ die gesuchte Größe $1/M$.

Zur Molekulargewichtsbestimmung durch *Fällungstitration* setzt man zu der Lösung eines makromolekularen Stoffes genau bekannter Konzentration soviel Fällungsmittel hinzu, bis nach Zugabe eines bestimmten, genau reproduzierbaren Volumens die Ausfällung einsetzt. Der Beginn der Ausfällung ist an einer Trübung, dem Trübungspunkt, zu erkennen.

Für die linearen Makromoleküle gilt als Beziehung zwischen dem Trübungspunkt γ^* einer meist einprozentigen Lösung und dem Polymerisationsgrad P die Gleichung:

$$\gamma^* = \alpha + \frac{\beta}{P} .$$

Der Trübungspunkt gibt somit den Fällungsmittelgehalt in Volumenanteilen der Lösung an. α und β sind Konstanten, die von der Art der Substanz, des Lösungsmittels, des Fällungsmittels, der Temperatur und der Konzentration der Lösung abhängen. Dann ergibt die graphische Auftragung von γ^* gegen $1/P$ eine Gerade.

Bis zum Polymerisationsgrad 1000 ergibt die Fällungstitration sehr genaue Molekulargewichte. Die besten Ergebnisse erzielt man an Fraktionen, weil sie infolge ihrer größeren Einheitlichkeit einen scharfen Trübungspunkt anzeigen. Mit zunehmender Uneinheitlichkeit und steigendem Molekulargewicht wird diese Methode ungenauer.

Die Messung der *Sedimentationsgeschwindigkeit* der makromolekularen Teilchen dient ebenfalls der Molekulargewichtsbestimmung. Befinden sich die Teilchen in Lösung, so sedimentieren sie unter der Einwirkung einer äußeren Kraft, z. B. der Schwerkraft, oder in der Ultrazentirfuge, der Zentrifugalkraft. Die Geschwindigkeit der Sedimentation bildet ein Maß für die Masse der Teilchen, so daß die Messung der Sedimentationsgeschwindigkeit einen gewichtsmäßigen Wert für das Molekulargewicht ergibt.

Sind die Teilchen zu Beginn der Messung gleichmäßig in der Meßzelle verteilt, so stellt sich unter der Einwirkung der Zentrifugalkraft von 180 000 g ein Konzentrationsgradient ein, weil die Teilchen nach außen gelangen und das Lösungsmittel zurücklassen. Die hierdurch verursachte Krümmung der Lichtstrahlen in der Meßzelle wird zur Messung der Sedimentationsgeschwindigkeit herangezogen.

Nach der bekannten Gleichung von *The Svedberg* erhält man:

$$M = \frac{R \cdot T \cdot S}{D \cdot (1 - \nu \cdot \rho)} \, .$$

Hier bedeutet M die Masse eines Mols, das in Gramm gemessen, zugleich das Molekulargewicht der untersuchten makromolekularen Substanz angibt. Durch diese Gleichung wird die Molekulargewichtsbestimmung auf die Messung der Sedimentations- und der Diffusionskonstanten einer Substanz zurückgeführt. R ist die allgemeine Gaskonstante = $8,3149 \cdot 10^7$, T die absolute Temperatur, S die Sedimentationskonstante, D die Diffusionskonstante, ν das spezifische Volumen der Substanz und ρ die Dichte des Lösungsmittels.

So gilt allgemein für Eiweißstoffe:

$$M = 9{,}674 \cdot 10^{10} \cdot \frac{S_{20}}{D_{20}} \quad [\mathrm{g}] \, .$$

Die Berechnung der Sedimentationskonstante S erfolgt aus der Sedimentationsgeschwindigkeit w_s und der Winkelgeschwindigkeit ω im Abstand x von der Rotorachse nach den Gleichungen:

$$\omega = \frac{2 \cdot \pi \cdot n}{60} \quad [s^{-1}]$$

mit n der Drehzahl des Rotors in einer Minute und

$$S = \frac{w_s}{x \cdot \omega^2} \quad [s] \, .$$

Die Messung der Sedimentationsgeschwindigkeit erfolgt während des Zentrifugierens, indem man in bestimmten Zeitabständen mit Hilfe einer optischen Einrichtung das Maximum des Konzentrationsgradienten fotografiert. Trägt man nun diesen Verlauf der Sedimentation gegen den jeweiligen Abstand von der Rotorachse auf, so erhält man, wie·die Abb. 25 zeigt, charakteristische Kurven für das gewichtsmäßige Durchschnittsmolekulargewicht und zugleich für die Polymolekularität.

Die Messung der *Diffusionsgeschwindigkeit* zur Molekulargewichtsbestimmung von Makromolekülen beruht auf verhältnismäßig einfachen Beziehungen zwischen der Diffusionskonstanten D einer diffundierenden Lösung und der Teilchengröße der gelösten Teilchen. Zur experimentellen Erfassung einer derartigen Diffusion müssen gewisse Voraussetzungen erfüllt sein:

1. Die von einem diffundierenden Makromolekül in einer Zeiteinheit zurückgelegte Strecke ist sehr klein gegenüber derjenigen von kleinen Molekülen. Es sind als sehr kleine Diffusionskonstanten zu messen, etwa $D = 5 \cdot 10^7$ [cm²/s].
2. Infolge der Polymolekularität und Konzentrationsabhängigkeit treten Abweichungen vom *Fick*schen Diffusionsgesetz auf. Damit sind nur Durchschnittswerte der Diffusionskonstante zu messen.
3. Die für ideale Lösungen aufgestellten Gesetzmäßigkeiten werden von konzentrierten makromolekularen Lösungen nicht erfüllt. Es muß daher die Diffusionskonstante in sehr verdünnten Lösungen gemessen werden.

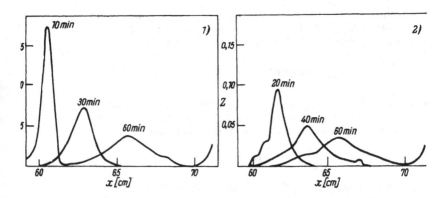

Abb. 25: Sedimentationsaufnahmen von zwei Cellulosen als Nitrate in Aceton mit etwa dem Gleichen *DP* aber unterschiedlicher Polymolekularität.

Als Folge dieser Schwierigkeiten sind in der Literatur sehr unterschiedliche Untersuchungsmethoden beschrieben worden. Bewährt haben sich die optischen Methoden, weil sie in Bezug auf Genauigkeit, Schnelligkeit der Messung und Vielseitigkeit der Anwendung die besten Ergebnisse liefern. Auch müssen die Meßzellen eine erschütterungsfreie Überschichtung von Lösung und Lösungsmittel gestatten.

Berühren sich eine Lösung und ein Lösungsmittel an einer Grenzfläche, so bewegen sich die gelösten Moleküle in die Lösungsmittelschicht und umgekehrt. Es tritt Diffusion ein, bis sich der Konzentrationsunterschied ausgeglichen hat. Die Stärke des Ausgleichsstromes ist dem Konzentrationsabfall proportional, und den Proportionalitätsfaktor bezeichnet man als *Diffusionskonstante D*. Ihr Wert gibt an, wieviel Gramm der gelösten Substanz in einer Sekunde durch eine zur Strömungsrichtung senkrechten Flächeneinheit von 1 cm² strömt.

Bringt man reines Lösungsmittel in eine Diffusionsmeßzelle, schichtet mit entsprechender Vorsicht darunter eine Lösung der Konzentration c_0 und führt senkrecht zur Strömungsrichtung eine Ordinate x [cm] mit dem Nullpunkt in der Schichtgrenze ein, so läßt sich der Diffusionsvorgang beschreiben, wie Abb. 26 zeigt. Die gelösten Moleküle wandern nach oben, und zwar nach der Diffusionstheorie proportional dem Konzentrationsgefälle. Nach einer Versuchsdauer t_1 [s] hat die Konzentrationsfunktion die in Abb. 26 angedeutete Gestalt. Oben hat das Konzentrationsgefälle dc/dx den Wert Null. Beim weiteren Verfolgen der Konzentrationsfunktion von c nach unten mit steigenden x-Werten erkennt man, daß die Konzentration erst langsam und dann schneller wächst. Bei $x = 0$ ist das Konzentrationsgefälle am größten, um nach unten wieder abzunehmen. Dieses Verhalten stellt die Konzentrationsgradientenfunktion dc/dx als *Gauss*sche Glockenkurve dar. Mit wachsender Diffusionszeit wird diese Kurve flacher und breiter.

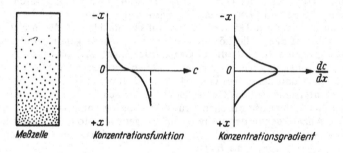

Abb. 26: Konzentrationsverlauf in der Meßzelle nach der Diffusionszeit t_1.

Die Diffusion ist eine Folge der *Brown*schen Molekularbewegung. Diese Bewegung wird um so stärker, je höher die absolute Temperatur T der Lösung und je höher die Beweglichkeit B der Moleküle in dem Lösungsmittel ist. Unter der Beweglichkeit B versteht man den Quotienten aus der Geschwindigkeit w [cm/s] und der Kraft K [dyn], die eine Bewegung der Moleküle mit der Geschwindigkeit w erzwingt:

$$B = \frac{w}{K} \ [\text{cm} \cdot \text{s}^{-1} \cdot \text{dyn}^{-1}] \ .$$

Dann ergibt sich für die Diffusionskonstante D nach *Einstein* die Gleichung:

$$D = B \cdot k \cdot T$$

mit der *Boltzmann*konstante $k = 1{,}38 \cdot 10^{-16}$.

119

Durch Umrechnung von D auf normierte Bedingungen und Extrapolation nach $c = 0$ erhält man die molekulargewichtsabhängige Materialkonstante, die im Vergleich zu durchgeführten Eichmessungen Auskunft über das gewichtsmäßige Durchschnittsmolekulargewicht gibt.

Die *osmotische Molekulargewichtsbestimmung* ergibt dagegen einen zahlenmäßigen Durchschnittswert für das Molekulargewicht von Makromolekülen. Nachdem heute elektronische Meßeinrichtungen zur Verfügung stehen, gestattet diese absolute Methode Messungen des osmotischen Druckes in verhältnismäßig kurzen Einstellzeiten. Das Problem ist immer die geeignete Membrane. Sie muß, ohne sich selbst zu verändern, nach entsprechender Eingewöhnungszeit die Lösungsmittelmoleküle diffundieren lassen, die gelösten Makromoleküle jedoch zurückhalten.

Die Erscheinung der Osmose tritt auf, wenn eine Lösung durch die Membrane von dem reinen Lösungsmittel getrennt ist. In diesem Fall durchdringt ein Teil der Lösungsmittelmoleküle die Membrane und verdünnt damit die Lösung, solange nicht ein Gegendruck diesen Vorgang behindert. Tritt dieser Gegendruck nicht auf, geht die Osmoseerscheinung weiter, bis der zwischen der freien Oberfläche der Lösung und der freien Oberfläche des Lösungsmittels entstandene Höhenunterschied einen Wert erreicht, der diesem Gegendruck und damit genau dem osmotischen Druck der Lösung entspricht.

Die Anzahl der in der Volumeneinheit gelösten Moleküle bestimmt den osmotischen Druck. In verdünnten niedermolekularen Lösungen gilt das Gesetz von *Van't Hoff:*

$$p = \frac{c \cdot R \cdot T}{M}$$

mit p dem osmotischen Druck in cm Wassersäule, c der Konzentration der gelösten Substanz in g/100 ml Lösungsmittel, R der Gaskonstante, T der absoluten Temperatur und M dem Molekulargewicht der gelösten Moleküle.

Für niedermolekulare Stoffe ist die osmotische Bestimmung jedoch nicht durchführbar, weil es keine Membranen gibt, die bei dem geringen Größenunterschied der beiden Molekülarten nur die Lösungsmittelmoleküle permeieren lassen. Dagegen eignet sich die Osmometrie sehr gut zur Untersuchung von hohen Molekulargewichten. Nur gilt hier das *Van't Hoff*sche Gesetz als Grenzgesetz mit der Extrapolation des reduzierten osmotischen Druckes p/c nach der Konzentration Null, d. h. für unendliche Verdünnung:

$$\left[\frac{p}{c}\right]_{c=0} = \frac{R \cdot T}{M}.$$

Stellt man p/c als Funktion von c graphisch dar, wie Abb. 27 zeigt, so erhält man eine Gerade, deren Neigung gegen die Abszisse gegeben ist durch:

$$B = \frac{R \cdot T \cdot (\frac{1}{2} - \mu)}{V_l \cdot \rho_2^2}$$

mit μ dem Ausdruck für die Wechselwirkung zwischen gelöster Substanz und Lösungsmittel, V_l dem molaren Teilvolumen des Lösungsmittels und ρ_2 der Dichte der Substanz.

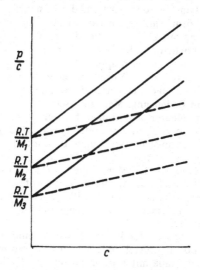

Abb. 27: Abhängigkeit des reduzierten osmotischen Druckes einer polymerhomologen Reihe $M_1 < M_2 < M_3$ von der Konzentration in einem guten Lösungsmittel (Linien) und in einem schlechten Lösungsmittel (Striche).

Die Begrenzung dieser Geraden auf der Ordinate gibt den von jedem Lösungsmittel unabhängigen Wert für $R \cdot T/M$ an. Die Substanzen einer polymerhomologen Reihe in dem gleichen Lösungsmittel ergeben entsprechend ihrem zahlenmäßigen Durchschnittsmolekulargewicht M_n eine Schar von parallelen Geraden, deren Neigung von der Güte des Lösungsmittels abhängt.

Zur Messung des osmotischen Druckes stehen zwei Methoden zur Verfügung:

1. die statische und
2. die dynamische Methode.

Nach der statischen Methode mißt man direkt den Niveauunterschied im Gleichgewicht zwischen Lösung und Lösungsmittel, wenn beide durch eine semipermeable Membrane getrennt sind. Dieser Niveau-unterschied zeigt direkt in mm Flüssigkeitssäule den osmotischen Druck der Lösung einer bestimmten Konzentration an. Praktisch findet jedoch bei den Lösungen der Makromoleküle eine gewisse Diffusion niedermolekularer Anteile statt, die den Wert im Gleichgewicht um so mehr verändert, je länger die Einstellzeit für das Gleichgewicht ist. Daher ist man bestrebt, eine Osmometerkonstruktion und eine Membrane zu wählen, die eine verhältnismäßig schnelle Gleich-gewichtseinstellung, möglichst in einigen Stunden, gestattet.

Bei der dynamischen Methode wird auf die Lösung ein Gegen-druck oder auf das Lösungsmittel ein Unterdruck ausgeübt, bis kein Durchgang von Lösungsmitteln durch die Membrane stattfindet. Der hierzu erforderliche hochempfindliche Strömungsmesser und das Manometer bedingt einen größeren apparativen Aufwand, weshalb meist der statischen Methode der Vorzug gegeben wird.

Weiterhin ist die Wahl der geeigneten Membrane und ihr Zustand im Lösungsmittel von Bedeutung. Man unterscheidet:
1. Membranen aus quellbaren organischen Stoffen, z. B. Cellulose und ihre Derivate, Polyvinylalkohol oder Polyvinylbutyral und
2. Membranen aus anorganischen Stoffen, z. B. Kupferferrocyanid oder poröses Glas.

In den meisten Fällen werden Membranen der 1. Gruppe einge-setzt, weil sie verhältnismäßig leicht durch Verdampfen geeigneter Lösungsmittel auf einer horizontalen Oberfläche herzustellen sind und durch Wahl der Konzentration und Menge die Dicke und Poren-größe zu beeinflussen ist.

Zur Charakterisierung der Membranen bestimmt man ihre Permea-bilität für das reine Lösungsmittel, indem man das Osmometer zu beiden Seiten der Membrane mit Lösungsmittel verschieden hoch füllt und den Druckausgleich beobachtet. Dann ergibt sich für die *Permeabilität P*:

$$P = \frac{Q}{p \cdot t \cdot F}$$

mit Q der Menge Lösungsmittel [ml], die in der Zeit t [s] bei dem Druck p [cm Wassersäule] durch die Membranfläche F [cm^2] hin-durchgeht.

Aus der Permeabilität läßt sich auch der scheinbare mittlere *Porendurchmesser* berechnen. Hat die Membrane pro cm^2 Oberfläche n Kapillaren von kreisförmigem Querschnitt mit Radius r und der Länge l, die der Membrandicke entspricht, so ist unter Berücksichti-gung des *Hagen-Poiseuille*schen Gesetzes:

$$P = \frac{r^4 \cdot \pi \cdot n \cdot \rho \cdot g}{8 \cdot l \cdot \eta}.$$

Setzt man noch das Lösungsmittelgewicht in der Membrane W ein:

$$W = r^2 \cdot \pi \cdot n \cdot l \cdot \rho$$

so erhält man den Porenradius r:

$$r = l \cdot \sqrt{\frac{8 \cdot \eta \cdot P}{W \cdot g}} \, .$$

Nach theoretischen Berechnungen darf die Permeabilität den Wert von $1 \cdot 10^{-13}$ nicht übersteigen, wenn noch eine ausreichende Semipermeabilität gewährleistet sein soll. In der Praxis arbeitet man meist mit einer Permeabilität von $1 \cdot 10^{-5}$, während höhere Werte auf zu grobporige Membranen deuten.

Die klassischen Methoden der Molekulargewichtsbestimmung, Kryoskopie und Ebullioskopie, verlieren im Bereich der organischen Kolloide ihre Bedeutung, weil die zu messenden Effekte in die Fehlergrenze zu liegen kommen. Dafür gewinnen die *chemischen Methoden* an Interesse. Wenn ein Makromolekül ein Element als charakteristischen Bestandteil enthält, kann durch eine Mikrobestimmung dieses Elementes auf das Molekulargewicht geschlossen werden.

Diese Spurenanalyse wird auf einige natürliche Makromoleküle angewendet. Besitzt z. B. ein Molekül Hämoglobin ein einziges Atom Eisen, so ergibt sich das Molekulargewicht zu:

$$M = 55{,}84/x$$

mit dem Atomgewicht des Eisens und x dem Eisengehalt in einem Gramm Hämoglobin. Dieser Wert gibt allerdings nur das niedrigste mögliche Molekulargewicht an, da das reale Molekulargewicht ein Vielfaches des gefundenen Wertes betragen kann. So ergeben die physikalischen Meßmethoden das vierfache Molekulargewicht für Hämoglobin gegenüber der Eisenbestimmung.

Eine Molekulargewichtsbestimmung aus den Endgruppen der Makromoleküle ist dann möglich, wenn sich diese Endgruppen von den anderen reaktionsfähigen Gruppen an den Molekülen unterscheiden, keine Verzweigungen und kein Abbau während der Bestimmung stören.

So lassen sich die endständigen Hydroxylgruppen der Polyoxymethylene acetylieren und durch anschließende Verseifung die Anzahl der entstandenen Acetylgruppen ermitteln, die den vorhandenen Hydroxylgruppen entspricht. Die Amino- und Carboxylendgruppen der Polyamide werden auf konduktometrischem Wege bestimmt. Die Carboxylendgruppen der Polyester werden z. B. mit Diazomethan verestert und von dem Methoxylgehalt auf das Molekulargewicht geschlossen, während andere Autoren wieder eine Bromierung vorschlagen und aus dem Bromgehalt auf das Molekulargewicht schließen.

Bei den durch Radikale ausgelösten Polymerisationen der Vinylderivate geben die in die Molekülkette eingebauten Radikale Auskunft über das Molekulargewicht. Z. B. stellt das p-Brombenzoylperoxid einen radikalbildenden Beschleuniger dar, der mit Brom ein Element enthält, das im übrigen Makromolekül nicht vorhanden ist. Daher kann aus dem aufgenommenen Brom auf das Molekulargewicht geschlossen werden.

Auch die Cellulosekette kann so methyliert werden, daß an den Kettenenden je ein tetramethylsubstituierter Rest entsteht, während an den übrigen Kettenteilen sich nur trisubstituierte Reste bilden. Werden bei der anschließenden Hydrolyse die Glucosidbindungen ohne Veränderung der Methylgruppen aufgehoben, so kann nach fraktionierter Destillation aus der Menge an Tetramethylglucopyranose das Molekulargewicht der Cellulose berechnet werden.

An verzweigten Molekülen kann aus dem Endgruppengehalt und dem nach einer physikalischen Methode bestimmten Molekulargewicht auf den Verzweigungsgrad geschlossen werden. Im allgemeinen sind jedoch die chemischen Methoden nur dann zur direkten Molekulargewichtsbestimmung geeignet, wenn pro Makromolekül ein oder zwei definierte Gruppen oder Elemente enthalten sind. Ihre quantitative Erfassung gestattet die Ermittlung des zahlenmäßigen Durchschnittmolekulargewichtes einer makromolekularen Substanz. Allerdings werden diese chemischen Methoden mit steigendem Molekulargewicht ungenau, weil der prozentuale Anteil der reagierenden Gruppen immer geringer wird und damit die Fehlergrenze stark ansteigt. Als Richtwert für die obere noch bestimmbare Molekülgröße kann etwa $M_n = 50\,000$ dienen.

Um die Endgruppen quantitativ erfassen zu können, müssen sie durch ein analytisch zu bestimmendes Element markiert sein, z. B. Stickstoff, Halogen oder eine Atomgruppe. Entfällt eine derartige Kennzeichnung, so besteht die Möglichkeit, bei einer entsprechenden Reaktionsfähigkeit die Endgruppen durch eine polymeranaloge Umwandlung zu bestimmen und hiervon auf das Molekulargewicht zu schließen.

3.7 Polymolekularität

Die Polymolekularität ist eine der wichtigsten Eigenschaften, in denen sich alle synthetischen und nahezu alle natürlichen Makromoleküle von den chemischen Verbindungen der klassischen, niedermolekularen Chemie unterscheiden. Als Folge dieser Eigenart ergeben alle Meßwerte an den organischen Kolloiden nur Durchschnittswerte. Ebenso hängen die physikalischen Eigenschaften eines polymolekularen Stoffes naturgemäß weitgehend davon ab, in welchem Verhältnis kleinere und größere Moleküle in diesem Stoff gemischt sind.

Enthält z. B. eine Kunstfaser zu viele niedermolekulare Anteile, so wird ihr Gebrauchswert stark sinken. Zu viele hochmolekulare Anteile dagegen bereiten bei der Herstellung Schwierigkeiten, weil sie die Viskosität der Lösung oder Schmelze sehr erhöhen. Da die niedermolekularen Anteile eines makromolekularen Stoffes leichter in Lösung gehen als die hochmolekularen und umgekehrt die hochmolekularen Anteile zuerst ausfallen, ehe die niedermolekularen Anteile folgen, bietet die Fraktionierung auf Grund der Löslichkeitsunterschiede der Anteile die Möglichkeit, Auskunft über die Verteilung der Molekulargewichte zu erhalten.

Man unterscheidet zwei Verteilungsfunktionen:
1. die Häufigkeitsverteilungsfunktion und
2. die Massenverteilungsfunktion.

Die *Häufigkeitsverteilungsfunktion* h gibt an, wieviel Mole n_p vom Polymerisationsgrad P in einem Grundmol eines Gemisches vorhanden sind:

$$n_p = h \cdot (P) \, .$$

Die *Massenverteilungsfunktion* gibt dann an, wieviel Gramm m_p vom Polymerisationsgrad P in einem Gramm des Gemisches vorhanden sind:

$$m_p = P \cdot h \cdot (P) \, .$$

Aus der Anzahl der untersuchten Fraktionen eines polymerhomologen Gemisches kann man nach einem graphischen Verfahren die beiden Verteilungsfunktionen ermitteln. Obwohl auch die schärfsten Fraktionen nie polymereinheitlich sind, so werden doch gute Fraktionen bereits durch eine *Gauss*sche Glockenkurve dargestellt, im Gegensatz zu unfraktionierten Stoffen.

Ohne auf die Theorien der selektiven Fällung und die Bedeutung des Entropiebeitrages einzugehen, soll darauf hingewiesen werden, daß die sorgfältige Auswahl von Lösungs- und Fällungsmittel für eine wirksame *Fraktionierung* von großer Bedeutung ist. Es ist diejenige Fraktionierung am wirksamsten, bei der die Ausfällung sich über den größten Prozentsatz an Fällungsmittel verteilt.

Das Ausgehen von hohen Konzentrationen verhindert eine wirksame Fraktionierung, weil die zuerst ausfallenden langen Molekülketten kurze Ketten mit in den Niederschlag reißen. Verwendet man dagegen hohe Verdünnungen, so werden die einzelnen Fraktionen zu gering, um an ihnen die jeweils erforderliche Molekulargewichtsbestimmung vornehmen zu können. Außer einer geeigneten Konzentration ist noch eine gute Temperaturkonstanz während der gesamten Fraktionierung wichtig, damit sich die Löslichkeit der Anteile nicht ändert.

Sieht man von der Gelchromatographie und den Messungen in der Ultrazentrifuge ab, die einen größeren apparativen Aufwand und eine sorgfältige Eichung erfordern, so werweisen sich die Methoden der fraktionierten Fällung und Auflösung zur Ermittlung der Kettenlängenverteilung als die geeignetsten. Z. B. kann man eine Cellulose nach polymeranaloger Umwandlung in das Nitrat in Aceton lösen, von unlöslichen Verunreinigungen abfiltrieren und durch schrittweise Zugabe von Wasser oder Aceton-Wassergemisch gut 13 bis 16 Fraktionen ausfällen. Von jeder Fraktion bestimmt man den Polymerisationsgrad und kann damit die einzelnen Polymerisationsgrade gegen die Gewichtsprozente der betreffenden Fraktion zu einem Kettenlängendiagramm zusammenstellen.

Bewährt hat sich hier die Darstellung der Kettenlängenverteilung als *integrale Verteilungsfunktion I (P)* und als durch Differentiation daraus erhaltene Massenverteilungsfunktion *m p* gleichzeitig in einem Diagramm. Abb. 28 zeigt die Kettenlängenverteilung am Beispiel eines Fichtenzellstoffes als integrale und *differentiale Verteilungsfunktion.*

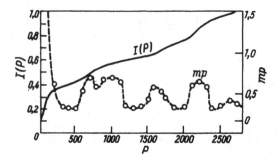

Abb. 28: Kettenlängendiagramm eines Fichtenzellstoffes als integrale und differentiale Verteilungsfunktion.

In vielen Fällen wird die Polymolekularität von Versuchsprodukten interessieren, bei denen leicht unlösliche Nebenprodukte und Verunreinigungen auftreten. Hier bietet die fraktionierte Fällung Vorteile, weil man nach der Auflösung die unerwünschten Anteile abfiltrieren kann und dann ein reines Produkt zur Fällung zur Verfügung steht. Dagegen gestattet die fraktionierte Auflösung gleichzeitig einen Einblick in das innere Gefüge der makromolekularen Substanz, wobei der unterschiedliche Widerstand der einzelnen Fraktionen gegen das Inlösunggehen beurteilt werden kann. Ebenso können durch mikroskopische Untersuchung der Substanz nach dem Herauslösen von leicht löslichen Anteilen Rückschlüsse auf die Morphologie der Strukturelemente gezogen werden.

Bei der fraktionierten Auflösung wird die Fraktioniergeschwindigkeit durch die Einstelldauer des Gleichgewichts zwischen der Lösung und der gequollenen makromolekularen Substanz bestimmt. Daher stellt man am besten einen dünnen Film von der zu untersuchenden Substanz her, indem man eine gereinigte Aluminiumfolie in die konzentrierte Lösung taucht und an der Luft trocknen läßt. Hat man so ein Filmgewicht von etwa 1 g auf einer Gesamtoberfläche von 600 bis 1000 cm^2 verteilt, steht genügend Material in geeigneter Form für diese Art der Fraktionierung zur Verfügung.

Nach dem Zerschneiden in schmale Streifen werden diese in einem 250er Erlenmeyerkolben unter leichtem Schütteln mit dem Löser-Nichtlöser-Gemisch behandelt. Mit dem an Lösungsmittel ärmsten Gemisch werden zuerst die kleinsten Anteile herausgelöst. Nach fünf Minuten wird die Lösung abgegossen und durch eine mehr Lösungsmittel enthaltende Mischung ersetzt. Dieser Vorgang wird wiederholt, bis der gesamte Film gelöst ist. In der Praxis lassen sich auf diese Art etwa 10 Fraktionen herstellen, die zur Trockne gebracht, gewogen und für die Polymerisationsgradbestimmung erneut gelöst werden. Aus den Ergebnissen läßt sich mit genügender Sicherheit die Massenverteilungsfunktion ermitteln.

Die Durchführung dieser Art der Fraktionierung hat den Vorteil, daß sie sehr schnell erfolgt. Nur werden von der fünften Fraktion ab leicht hochmolekulare Verbände von der Folie abgeschwemmt und hierdurch die Fraktionierung der höhermolekularen Anteile ungenau. Daher ist es stets vorteilhaft, nach etwa der fünften Fraktionierung den stark gequollenen Film mit reinem Fällungsmittel wieder auf der Folie zu fixieren und diesen Vorgang nach zwei weiteren Fraktionierungen zu wiederholen. Zur Fraktionierung der Cellulose durch die stufenweise Auflösung hat sich das Gemisch Aceton-Aethanol bewährt.

Die Fraktionierung durch Diffusion wird wegen der langen Versuchsdauer nur selten angewendet. In einen zylindrischen Tropftrichter mit etwas Quecksilber am Boden wird zum Teil reines Lösungsmittel eingefüllt, das mit Hilfe einer Kapillare ohne Wirbelbildung mit einer Lösung der zu fraktionierenden Substanz in dem gleichen Lösungsmittel unterschichtet wird. Nach 8 bis 10 Tagen wird in dem erschütterungsfrei und temperaturkonstant aufbewahrten Diffusionsgefäß das Optimum der Fraktionierung erreicht. Bei einer längeren Wartezeit wird die Trennung durch Nachwanderung der großen Moleküle wieder unscharf.

Durch langsames Abfließenlassen der gesamten Flüssigkeit und Aufnahme in kleinen Anteilen erfolgt die Trennung der Fraktionen und ihre Aufarbeitung.

Die auf diese Weise erhaltenen Massenverteilungsfunktionen sind etwas verfälscht, weil stets niedermolekulare Anteile in den unteren Schichten verbleiben. Man kann sie jedoch angenähert rechnerisch in Abzug bringen, so daß die Ergebnisse mit denen nach anderen Methoden zu vergleichen sind.

Die Methoden der stufenweisen Fraktionierung und der Diffusion haben den Nachteil, daß sie verhältnismäßig zeitraubend sind. Daher sind zahlreiche Versuche durchgeführt worden zur Abkürzung der langen Versuchsdauer. Hier bietet die summierende Fraktionierung der makromolekularen Substanz einen Vorteil, weil die Zeit, in der Substanz und Lösungsmittel in Berührung stehen, auf ein Minimum herabgesetzt wird. Damit wird auch die Gefahr eines Abbaues empfindlicher Substanzen durch Licht, Luft oder durch die Aggressivität des Lösungsmittels stark herabgesetzt.

Für die summierende Fraktionierung wird die polymolekulare Substanz zunächst gelöst und gleiche Anteile der Lösung auf etwa 10 Gläser verteilt. Zu jedem Anteil wird ein Drittel dieses Volumens an Löser-Nichtlöser-Gemisch mit steigendem Nichtlösergehalt zugemischt, die Fällung abzentrifugiert und der Niederschlag aufgearbeitet. Aus den Gewichtsprozenten und dem Polymerisationsgrad erhält man die summierende Verteilungskurve, deren Aussagekraft jedoch nicht diejenige einer stufenweisen Fraktionierung erreicht.

Die *Gelchromatographie* als modernes Verfahren zur Bestimmung von Molekulargewicht und Molekulargewichtsverteilung beruht auf der Kohärenz von Gel und Dispersionsmittel. Damit findet die Diffusion kleiner gelöster Moleküle mit der gleichen Geschwindigkeit statt wie diejenige der Lösungsmittelmoleküle. Das Gelgerüst besteht aus Makromolekülen, deren Ketten durch homöopolare Bindungen zu einem dreidimensionalen Netzwerk verknüpft sind. Das Dispersionsmittel im Gel ist identisch mit dem Lösungsmittel der zu untersuchenden Substanz.

Enthält nun das Lösungsmittel außerhalb des Gels einen Anteil kleinerer Moleküle als die Poren des Gels, so erfolgt eine Diffusion dieser Moleküle in die Poren, während für den Anteil mit größeren Molekülen die Diffusion entfällt. Wenn man demnach die Gelpartikel mit dem Lösungsmittel in ein senkrechtes Glasrohr packt, so bewirken sie während des langsamen Durchlaufens der Lösung eines polymolekularen Stoffes dessen Auftrennung nach der Molekülgröße.

Beim Nachwaschen mit reinem Lösungsmittel werden zuerst die nicht eindiffundierten großen Moleküle transportiert, während die kleineren in Abhängigkeit von der zwischenzeitlichen Diffusion in die Gelporen langsamer folgen. Die Komponenten eines polymerhomologen Gemisches verlassen damit die Trennsäule der Reihe nach mit abnehmendem Molekulargewicht.

Als Elutionsvolumen V_e bezeichnet man diejenige Menge Eluat, die vom Aufbringen der Lösung bis zur Elution der Komponente in maximaler Konzentration austritt. Die nicht in das Gel eindiffundierenden, sehr großen Moleküle werden mit dem äußeren Volumen V_o eluiert. $V_e = V_o$. Dagegen benötigen die kleinen, alle Gelbereiche durchdringenden Moleküle die Summe des äußeren und inneren Volumens, $V_e = V_o + V_i$. Für die zwischen den beiden Extremen liegenden Molekülgrößen steht nur ein Bruchteil K_d des inneren Volumens zur Verfügung, so daß sich ihr Elutionsvolumen berechnet zu

$$V_e = V_o + K_d \cdot V_i \, .$$

Demnach setzt sich das Gesamtvolumen V_t eines in die Trennsäule gepackten Gels zusammen aus
1. dem äußeren Volumen V_o, dem Lösungsmittelvolumen zwischen den Gelteilchen,
2. dem inneren Volumen V_i, dem Lösungsmittelvolumen innerhalb der Gelteilchen und
3. dem Volumen der Gelteilchen ohne Lösungsmittel.

Infolge der Schwierigkeit, V_i einwandfrei zu bestimmen, wird zur Charakterisierung des Elutionsverhaltens von Substanzen allgemein die Konstante K_{av} (av = available) verwendet:

$$K_{av} = \frac{V_e - V_o}{V_t - V_o} \, .$$

V_t entspricht dem Rauminhalt der Trennsäule, V_o ermittelt man durch Chromatographie eines hochmolekularen Stoffes, der nicht in die Gelporen eindringt. Dann entspricht das Volumen der Lösung vom Start bis zum Auftreten im Eluat genau dem Volumen zwischen den Gelteilchen, dem äußeren Volumen.

Zur Trennung wäßriger Systeme eignet sich ein Gel aus regenerierter Cellulose oder das käufliche Sephadex in einer Vielzahl von Typen für die unterschiedlichen Trennbereiche. Dagegen hat sich für die Substanzen in organischen Lösungsmitteln das makroporöse Copolymere von Styrol mit viel Divinylbenzol und das Kieselgel Porasil mit den unterschiedlichen Porengrößen bewährt.

Die für die Gelchromatographie verwendeten Geräte gleich im wesentlichen denen für die Flüssigkeitschromatographie. Als Detektor zur Anzeige des Eluates kann grundsätzlich die Photometrie oder die Messung der Flammenionisation, der Leitfähigkeit und des Brechungsindexes dienen. Doch hat sich das Differentialrefraktometer am besten bewährt.

Da das von der Molekülgröße abhängige Elutionsvolumen an der gleichen Trennsäule gut reproduzierbar ist, kann man auch umgekehrt aus dem Elutionsvolumen auf das Molekulargewicht einer unbekannten Substanz schließen, wenn durch eine Eichung mit Testsubstanzen von bekanntem Molekulargewicht die Beziehung zwischen Elutionsvolumen und Molekulargewicht für eine bestimmte Säule bekannt ist. Infolge der unterschiedlichen Bauweise ist bei den

Makromolekülen die Beziehung zwischen Molekülgröße und Molekulargewicht unterschiedlich. Daher müssen die Testsubstanzen möglichst mit den zu trennenden Stoffen verwandt sein. Unter dieser Voraussetzung gilt die lineare Abhängigkeit des Elutionsvolumens vom Logarithmus des Molekulargewichtes.

Auf die gleiche Weise wird auch die Kettenlängenverteilung bestimmt, deren Kenntnis für die synthetischen Polymeren besonders wichtig ist. Das Problem liegt hierbei in der Eichung, denn im wesentlichen stehen nur einigermaßen gute Polystyrolfraktionen zur Verfügung. Die Übertragung dieser Werte auf andere Polymere kann Abweichungen ergeben, obwohl die Elution vom Lösungsmittel und von der Temperatur weitgehend unabhängig ist. Der Vergleich mit den üblichen Methoden der Fraktionierung ergibt jedoch eine weitgehende Übereinstimmung.

Da die Aufstellung eines Kettenlängendiagramms mit Hilfe der Gelchromatographie innerhalb eines Arbeitstages möglich ist, wird diese Methode in Zukunft große Bedeutung erlangen. Bei der immer komplizierter werdenden Zusammensetzung der Polymeren genügt heute nicht mehr die Angabe eines Viskositätswertes zur Charakterisierung, sondern es ist die Kenntnis der Polymolekularität notwendig.

Wenn jedoch keine speziellen Geräte zur Fraktionierung zur Verfügung stehen, gibt es noch eine abgekürzte Fraktionierung, die von *G. V. Schulz* beschrieben worden ist. Man trennt eine niedrigste und eine höchste Fraktion ab und bestimmt:

1. den Massenanteil $m\,p_a$ und den Polymerisationsgrad P_a der niedrigsten Fraktion,
2. den Massenanteil $m\,p_W$ und den Polymerisationsgrad P_W der höchsten Fraktion,
3. den Massenanteil $m\,p_{max}$ und den Durchschnittspolymerisationsgrad $\bar{P}$,
4. den untersten überhaupt vorkommenden Polymerisationsgrad P_o und
5. den höchsten überhaupt vorkommenden Polymerisationsgrad P_e.

Die Massenanteile $m\,p_a$ und $m\,p_W$ sind proportional den Massenanteilen der beiden Fraktionen a_a und a_W und umgekehrt proportional der Anzahl der in ihnen vorkommenden Polymerisationsgrade. Diese Anzahl ist für die niedrigste Fraktion angenähert proportional P_a und für die höchste Fraktion angenähert proportional der Differenz $P_W - \bar{P}$. Damit ist:

$$m\,p_a = K_1 \cdot \frac{a_a}{P_a} \quad \text{und}$$

$$m\,p_W = K_2 \cdot \frac{a_W}{P_W - \bar{P}}.$$

Die Konstanten K_1 und K_2 müssen experimentell bestimmten Verteilungskurven angepaßt werden. Doch hat die Sichtung eines größeren Versuchsmaterials ergeben, daß man $K_1 = 1$ und $K_2 = 2$ setzen kann. Der Massenanteil des Durchschnittspolymerisationsgrades als Maximum der Kurve ist dann so zu wählen, daß die gesamte Fläche der Kurve gleich 1 wird.

Zur Festlegung des niedrigsten und des höchsten Polymerisationsgrades P_o und P_e kann man für breite Verteilungen $(2P_a < \bar{P})$ setzen:

$$P_o = 0 \quad \text{und} \quad P_e = P_W + \frac{P_W - \bar{P}}{2}.$$

Damit lassen sich die gesuchten fünf Größen berechnen:

$$m\, p_a = \frac{a_a}{P_a}, \qquad m\, p_W = \frac{2 \cdot a_W}{P_W - \bar{P}},$$

$$m\, p_{max} = 2 \cdot \frac{1 - 1{,}5\,(a_a + a_W)}{P_W - P_a},$$

$$P_o = 0, \qquad P_e = \frac{3 \cdot P_W - \bar{P}}{2}.$$

Für enge Verteilungen $(2P_a > \bar{P})$ rechnet man zweckmäßiger mit den abgeänderten Koeffizienten:

$$m\, p_a = \frac{2 \cdot a_a}{P_a}, \qquad m\, p_W = \frac{2 \cdot a_W}{P_W - \bar{P}},$$

$$m\, p_{max} = 2 \cdot \frac{1 - 2\,(a + a_W)}{P_W - \bar{P}},$$

$$P_o = 2 \cdot P_a - \bar{P}, \quad P_e = 2 \cdot P_W - \bar{P}.$$

Für die experimentelle Durchführung wählt man am besten Fraktionen, deren Anteile a_a und a_W etwa 5 bis 10 % betragen. Das erreicht man sicher, wenn man zur Herstellung der höchsten Fraktion zunächst eine größere Menge ausfällt, vor der Trocknung nochmals löst und dann die gewünschte Menge ausfällt. Anschließend fällt man die Hauptmenge und danach die Restfraktion.

Dieses Verfahren ermöglicht eine verhältnismäßig schnelle Orientierung über die Breite einer Molekulargewichtsverteilung, indem man einen aus den geraden Stücken zusammengesetzten Kurvenzug erhält. Bei breiten Verteilungen ergibt sich auf diese Weise eine sehr gute Anpassung an das kontinuierliche Kettenlängendiagramm, während bei sehr engen Verteilungen das Verfahren an Zuverlässigkeit verliert.

In vielen Fällen genügt es, sich durch einen Zahlenwert eine Vorstellung von der Polymolekularität eines makromolekularen Stoffes zu verschaffen. Diese zahlenmäßige Erfassung der Polymolekularität gibt keinen Einblick in die prozentuale Verteilung der Molekulargewichte in einer Substanz aus Polymerhomologen, sondern sagt nur aus, ob die betreffende Substanz mehr oder weniger einheitlich in ihrer Zusammensetzung ist. Eine Möglichkeit hierzu bietet jedoch nur eine Funktion, die unabhängig von der speziellen Art der Verteilung, symmetrisch oder asymmetrisch, ein Maß für die Polymolekularität ergibt.

So ist von *Staudinger* und seiner Schule bewiesen worden, daß das gewichtsmäßige Durchschnittsmolekulargewicht M_w eines polymolekularen Stoffes stets größer als sein zahlenmäßiges Durchschnittsmolekulargewicht M_n ist. Da mit zunehmender Uneinheitlichkeit die Differenz stets größer wird, dient der Quotient beider Werte als Maß für die *Uneinheitlichkeit*. Damit eine polymereinheitliche Substanz auch die Uneinheitlichkeit $U = 0$ erhält, schreibt man:

$$U = \frac{M_w}{M_n} - 1 \ .$$

Der Vorteil dieser Methode liegt in der Unabhängigkeit von den Meßmethoden und der speziellen Verteilungsfunktion.

Praktisch ergibt sich aus der Messung der Grenzviskosität $[\eta]$ und dem osmotischen Molekulargewicht M_n nach *Staudinger*:

$$\frac{[\eta]}{M_n} = K_m \ .$$

Bei molekular einheitlichen Stoffen ist die Grenzviskosität direkt proportional dem Molekulargewicht, bei polymolekularen Stoffen jedoch nicht dem osmotischen M_n, sondern nur dem gewichtsmäßigen M_w. Bestimmt man daher nach der letzten Gleichung den K_m-Wert, so wird dieser um so größer ausfallen, je uneinheitlicher der Stoff ist. Bezeichnet man nun den Wert für einen einheitlichen Stoff als Grund-k_m-Konstante, so ergibt sich:

$$\frac{K_M}{k_m} = \frac{M_w}{M_n} \quad \text{und damit}$$

$$U = \frac{K_m}{k_m} - 1 \ .$$

Während man K_m unmittelbar aus einer osmotischen und einer viskosimetrischen Messung erhält, kann k_m nur näherungsweise an scharfen Fraktionen ermittelt werden. In derartigen Fraktionen ist $U = 0,05$. Wird demnach die an guten Fraktionen ermittelte K_m-

Konstante noch um 5% verringert, so erhält man mit genügender Genauigkeit den Wert für die Grund-k_m-Konstante. Nach genauer Fehlerabschätzung kann die Polymolekularität auf diese Weise mit einer befriedigenden Genauigkeit von ± 5% angegeben werden.

Eine weitere Möglichkeit, einen Zahlenwert für die Polymolekularität zu gewinnen, bietet die in dem Abschnitt über das nicht-*Newton*sche Fließverhalten der Lösungen von organischen Kolloiden beschriebene gerade gelegte Fließkurve. Die Neigung dieser Geraden gibt dann Auskunft über die Polymolekularität.

Schließlich ist noch die Trübungstitration und die Sedimentation in der Ultrazentrifuge zur Aufstellung von Kettenlängendiagrammen herangezogen worden. Jedoch liefert die Trübungstitration nur ein halbquantitatives Ergebnis, weil stabile Trübungen mit konstanter Teilchengröße nur schwer zu erhalten sind und die Ausfällung nicht nur vom Molekulargewicht, sondern auch von der Menge der Anteile beeinflußt wird.

Aus der *Sedimentationsgeschwindigkeit* in der Ultrazentrifuge ist die Ermittlung der Verteilungskurve möglich, wenn die Teilchen unabhängig voneinander sedimentieren und ihre Diffusionsgeschwindigkeit zu vernachlässigen ist. Das trifft jedoch nur für kompakte, nicht vom Lösungsmittel durchspülte Makromoleküle zu. In den meisten Fällen beobachter man jedoch einen komplexen Verlauf der Sedimentation im Zentrifugalfeld, weil die Sedimentation durch eine entgegengesetzt wirkende Diffusion überlagert wird. Bei der Ausbildung des Konzentrationsgradienten sedimentieren daher die einzelnen Moleküle in Lösung mit der Geschwindigkeit, die ihrem Molekulargewicht und zusätzlich der an diesem Ort herrschenden Konzentration an Molekülen des gleichen und der anderen Molekulargewichte entspricht. Die Diffusion ist ebenso vom Molekulargewicht und den lokalen Konzentrationsbedingungen abhängig.

Den Einfluß der Diffusion kann man leicht eliminieren durch Messung der Sedimentation verschiedener Konzentrationen als Funktion der Zeit und Extrapolation gegen unendliche Zeit, da jeder Diffusionseinfluß mit der Zeit abnimmt. Auf diese Weise erhält man Diagramme, die nur noch das konzentrationsabhängige Sedimentationsverhalten anzeigen.

In der Praxis wird eine makromolekulare Substanz in relativ geringer Konzentration zentrifugiert. Nachdem zu verschiedenen Zeiten die Sedimentationsdiagramme unter Berücksichtigung des Verdünnungseffektes auf ein Meßblatt aufgenommen sind, werden die Flächen unter den Sedimentationsmaxima planimetrisch in bestimmte Abschnitte unterteilt. Dann stellt man aus den für die verschiedenen Zeiten ermittelten Sedimentationsstrecken die Sedimentationskonstante für den 50%-Punkt der Integralverteilung fest. Jetzt kann man die Quotienten aus den für die einzelnen Abschnitte gültigen Sedimentationskonstanten und der 50%-Konstante zur Eliminierung des Diffusionseinflusses graphisch gegen unendliche Zeit extrapolieren und schließlich die Molekulargewichtsverteilung berechnen, wenn der Zusammenhang zwischen Molekulargewicht und Sedimentationskonstante bekannt ist.

Zum Schluß soll noch auf die *Berechnung des Durchschnittsmolekulargewichtes aus der Verteilungsfunktion* hingewiesen werden, denn aus der integralen Verteilungsfunktion läßt sich das gewichtsmäßige und das zahlenmäßige Durchschnittsmolekulargewicht sehr genau berechnen. Für die praktische Auswertung definiert man den *Gewichtsdurchschnitt* M_w durch die Gleichung:

$$M_w = 0,1 \sum_{n=1}^{10} M_i \, .$$

Es wird also jeweils ein Anteil des Molekulargewichtes mit dem entsprechenden Molekulargewicht multipliziert. Hierbei wird jedes Molekül nach seiner Masse bewertet, so daß die hochmolekularen Anteile einer Substanz wesentlich mehr zu M_w beitragen als die niedermolekularen.

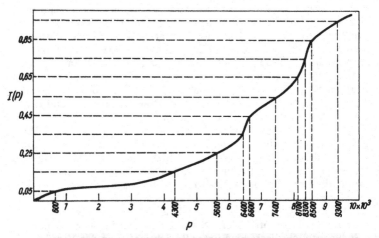

Abb. 29: Auswertung der integralen Verteilungsfunktion zur Berechnung des gewichtsmäßigen und des zahlenmäßigen Durchschnittsmolekulargewichts.

Den *Zahlendurchschnittswert* M_n erhält man entsprechend in der für die praktische Auswertung geeigneten Form:

$$M_n = \frac{10}{\displaystyle\sum_{i=1}^{10} 1/M_i}$$

Wie in Abb. 29 gezeigt wird, unterteilt man die Ordinate der integralen Verteilungsfunktion in 10 gleiche Teile und liest an der Abszisse den zu jedem Schnittpunkt des Ordinatenabschnittes mit der Integralkurve gehörenden Wert von M ab. So werden die mit M_i bezeichneten Werte erhalten.

Dann addiert man die $10 M_i$-Werte, multipliziert mit 0,1 und erhält das gewichtsmäßige Durchschnittsmolekulargewicht M_w. Zur Berechnung des zahlenmäßigen Durchschnittsmolekulargewichtes M_n werden zunächst die Kehrwerte aller $10 M_i$-Werte gebildet. Diese Kehrwerte werden addiert und die Zahl 10 durch die Summe der Kehrwerte dividiert.

Damit gestattet die Aufstellung eines Kettenlängendiagramms nicht nur eine einwandfreie Aussage über die Polymolekularität, sondern erlaubt auch eine genaue Berechnung der Durchschnittsmolekulargewichte.

Literaturhinweise

1. *Bergmann, L.*, Der Ultraschall (Stuttgart 1954).
2. *Bier, M.*, Elektrophoresis (New York 1959).
3. *Bellamy, L. J.*, Ultrarot-Spektrum und chemische Konstitution, 2. Aufl. (Darmstadt, 1966).
4. *Buzagh, A.*, Kolloidik (Dresden und Leipzig 1936).
5. *Daniels, T.*, Thermal Analysis (London, 1973).
6. *Denbigh, K.*, Prinzipien des chemischen Gleichgewichts, 2. Aufl. (Darmstadt, 1974).
7. *Edelmann, K.:* Lehrbuch der Kolloidchemie, 2 Bde (Berlin, 1964).
8. *Finkelnburg, W.*, Einführung in die Atomphysik (Berlin 1958).
9. *Gessner, H.*, Die Schlämmanalyse (Leipzig 1931).
10. *Harkins, W.*, The Physical Chemistry of Surface Films (New York 1952)
11. *Hausser, K.*, Elektronen- und Kernresonanz als Methoden der Molekülforschung (Weinheim, 1961).
12. *Houwink, R.*, Elastizität, Plastizität und Struktur der Materie, 3. Aufl. (Dresden und Leipzig 1958).
13. *Hummel, D.*, Atlas der Kunststoff-Analyse (München, 1968).
14. *Kleber, W.*, Einführung in die Kristallographie (Berlin, 1956).
15. *Kraft, M.:* Struktur und Absorptionsspektroskopie der Kunststoffe (Weinheim, 1973).
16. *Kuhn, A.*, Kolloidchemisches Taschenbuch, 5. Aufl. (Leipzig, 1960).
17. *Morrison, G.* und *H. Freiser*, Extraktionsverfahren in der analyt. Chemie (New York, 1957).
18. *Olah, G.*, Einführung in die theoretische organische Chemie (Berlin, 1960).
19. *Ostwald, Wo.*, Die Welt der vernachlässigten Dimensionen, 12. Aufl. (Dresden und Leipzig, 1944).
20. *Philippoff, W.*, Viskosität der Kolloide (Dresden und Leipzig, 1942).
21. *Reimer, L.*, Elektronenmikroskopische Untersuchungs- und Präparationsmethoden (Berlin, 1959).
22. *Stasiw, O.*, Elektronen- und Ionenprozesse in Ionenkristallen (Berlin, 1959).
23. *Staudinger, H.*, Organische Kolloidchemie, 3. Aufl. (Braunschweig, 1950). Die hochmolekularen organischen Verbindungen, Kautschuk und Cellulose (Berlin, 1960).
24. *Stauff, J.*, Kolloidchemie (Berlin, 1960).
25. *Stuart, H.*, Das Makromolekül in Lösungen (Berlin, 1953).
26. *Svedberg, The* und *K. Petersen*, Die Ultrazentrifuge (Dresden und Leipzig 1940).
27. *Umstätter, H.:* Einführung in die Viskosimetrie und Rheometrie (Berlin, 1952).
28. *Wolf, K.*, Physik und Chemie der Grenzflächen (Berlin, 1. Bd. 1957, 2. Bd. 1959).

Sachverzeichnis

VERWANDTE LITERATUR

Konzepte der Kolloidchemie
Aussagen aus fünf Jahrzehnten
Ausgewählt von *Jürgen Steinkopff*, Darmstadt
Etwa VIII, 168 Seiten, einige Abb. und Tab. 1975. In Vorbereitung

Verhandlungsberichte der Kolloid-Gesellschaft
Herausgegeben von *F. Horst Müller*, Marburg, und *Armin Weiss*, München

Band 23. Grenzflächen und Stabilität von Dispersionen
XII, 140 Seiten, 131 Abb., 38 Tab. 1968. DM 50.—

Band 24. Grenzflächen
Grundlagen, Methoden, Anwendungen
XIII, 155 Seiten, 131 Abb., 32 Tab. 1971. DM 50.—

Band 25. Stabilität kolloider Systeme
XI, 131 Seiten, 119 Abb., 20 Tab. 1972. DM 50.—

Band 26. Strukturen von Polymer-Systemen
XI, 282 Seiten, 298 Abb., 7 Schemata, 26 Tab. 1975. DM 160.—

Band 27. Kolloidchemie heute
In Vorbereitung (1976).

Aktuelle Probleme der Polymer-Physik
Herausgegeben von *E. W. Fischer*, Mainz, und *F. Horst Müller*, Marburg

Band 1.   IV, 184 Seiten, 174 Abb., 38 Tab. 1970. DM 70.—
Band 2.   IV, 114 Seiten, 113 Abb., 15 Tab. 1971. DM 70.—
Band 3.   IV, 204 Seiten, 188 Abb., 17 Tab. 1973. DM 70.—
Band 4.   IV, 237 Seiten, 264 Abb., 30 Tab. 1973. DM 70.—
Band 5.   IV, 264 Seiten, 250 Abb., 51 Tab. 1974. DM 86.—
Band 6.   In Vorbereitung (1975).

Colloid and Polymer Science
Kolloid-Zeitschrift & Zeitschrift für Polymere

Herausgegeben von *F. Horst Müller*, Marburg, und *Armin Weiss*, München
Erscheinungsweise: monatlich. Jahresbezugspreis 1975: DM 500.— plus Porto.

Progress in Colloid and Polymer Science
Fortschrittsberichte über Kolloide and Polymere

Herausgegeben von *F. Horst Müller*, Marburg, und *Armin Weiss*, München
Erscheinungsweise: zwanglos nach Bedarf, jährlich 1—3 Bände.
Bezugspreis entsprechend Umfang wechselnd.

DR. DIETRICH STEINKOPFF VERLAG · DARMSTADT